工业和信息化"十三五"
人才培养规划教材

MySQL 数据库技术与应用

微课版

MySQL Database Technology and Application

张素青 翟慧 黄静 ◎ 主编
宋欢 何连连 ◎ 副主编

人民邮电出版社
北京

图书在版编目（CIP）数据

MySQL数据库技术与应用 / 张素青，翟慧，黄静主编. -- 北京：人民邮电出版社，2018.8（2021.2重印）
工业和信息化"十三五"人才培养规划教材
ISBN 978-7-115-48910-4

Ⅰ.①M… Ⅱ.①张… ②翟… ③黄… Ⅲ.①SQL语言－程序设计－高等学校－教材 Ⅳ.①TP311.132.3

中国版本图书馆CIP数据核字(2018)第182124号

内 容 提 要

MySQL是目前最流行的关系数据库管理系统之一。本书以MySQL 5.6数据库管理系统为平台，以案例教学法为编写主线，介绍了数据库系统的基本概念和应用技术。

本书以学生选课管理系统作为教学案例，以网上书店作为实训案例，采用"学习要点—内容示例—归纳总结—习题实训"的结构体系设计每章内容。最后一章以一个具体的项目案例开发设计过程，将数据库原理知识与实际数据库开发结合在一起。

本书采用在线开放课程教学方式，提供了授课视频、PPT、案例库、习题库、试题库等多种资源来辅助教师教学和学生学习。

本书可作为高职高专院校计算机相关专业的教材，也可作为从事计算机软件工作的科研人员、工程技术人员，以及其他相关人员的培训教材或参考书。

◆ 主　　编　张素青　翟　慧　黄　静
　　副主编　宋　欢　何连连
　　责任编辑　祝智敏
　　责任印制　马振武

◆ 人民邮电出版社出版发行　北京市丰台区成寿寺路11号
　　邮编 100164　电子邮件 315@ptpress.com.cn
　　网址　http://www.ptpress.com.cn
　　国铁印务有限公司印刷

◆ 开本：787×1092　1/16
　　印张：14.75　　　　　　　　2018年8月第1版
　　字数：347千字　　　　　　　2021年2月北京第11次印刷

定价：42.00元

读者服务热线：(010)81055256　印装质量热线：(010)81055316
反盗版热线：(010)81055315
广告经营许可证：京东市监广登字20170147号

前言 FOREWORD

随着计算机技术的飞速发展，数据库技术的应用已经扩展到各个领域。数据库技术不仅在传统的商业领域、管理领域和金融领域发挥着重要作用，而且在非传统领域（如工程、多媒体技术等领域）也起着关键作用。数据库技术是信息技术和信息产业的基础。

高等职业教育以就业为导向，着力培养市场需要的合格人才。目前，很多中小型网站的开发都选择 MySQL 作为网站的后台数据库，因此掌握 MySQL 是非常必要的。MySQL 采用"客户端/服务器"模式，是一个多用户、多线程的小型数据库管理系统。在 Web 应用方面，MySQL 是最好的关系数据库管理系统。MySQL 具有跨平台、稳定、可靠、体积小、速度快、总体拥有成本低等特点，尤其是开放源码这一特点，使得一般中小型网站的开发都选择 MySQL 作为网站数据库管理系统。

全书共 9 章，第 1 章主要讲授了数据库的基本概念、数据库技术的特点及数据模型、数据库设计的步骤，第 2 章介绍了 MySQL 5.6 的安装和配置，第 3 章介绍了数据库及数据表的创建与管理，第 4 章介绍了数据表中数据的插入、更新和删除，第 5 章介绍了数据的单表查询和多表连接查询，第 6 章介绍了 MySQL 编程基础、事务的概念和特点、存储过程和函数的创建及使用，第 7 章介绍了索引、视图和触发器的相关知识，第 8 章介绍了数据库的安全管理，第 9 章通过一个银行业务系统的项目实例，对本书知识做了全面的回顾和总结。

本书每章开头都有教学目标，每章最后都附有本章实训项目和课后作业，供学生及时理解并回顾本章内容。本书还提供了微课视频、PPT、单元设计、案例库、习题库等多种资源辅助教师教学和学生学习。

读者可以扫描封底的二维码直接登录"微课云课堂"（www.ryweike.com）→用手机号注册→在用户中心输入本书激活码（f26f10c5），将本书包含的微课资源添加到个人账户，获取永久在线观看本课程微课视频的权限。

学习本书内容后，读者可以选择成长为网站数据库系统管理员，或者软件的后台数据库设计与维护人员。

本书由张素青、翟慧、黄静担任主编，宋欢、何连连担任副主编。翟慧编写了第 1 章，何连连编写了第 2 章和第 3 章，宋欢编写了第 4 章和第 5 章，孙钢编写了第 6 章，黄静编写了第 7 章，张大鹏编写了第 8 章，张素青编写了第 9 章。

尽管编者在写作过程中力求准确、完善，但书中不妥或错误之处仍在所难免，殷切希望广大读者批评指正！

编 者
2018 年 5 月

目录 CONTENTS

第1章 数据库基础 1
1.1 数据库的基本概念 2
1.2 常见的数据库 4
1.3 数据管理技术的发展 5
- 1.3.1 人工管理阶段 6
- 1.3.2 文件系统阶段 6
- 1.3.3 数据库系统阶段 7
1.4 数据模型 8
- 1.4.1 数据模型的概念 8
- 1.4.2 数据模型的分类 8
- 1.4.3 概念模型的表示方法 9
1.5 常见的数据模型 11
1.6 关系数据库的规范化 14
- 1.6.1 第一范式（1NF） 15
- 1.6.2 第二范式（2NF） 15
- 1.6.3 第三范式（3NF） 16
1.7 数据库设计 17
- 1.7.1 数据库设计概述 17
- 1.7.2 需求分析 18
- 1.7.3 概念结构设计 19
- 1.7.4 逻辑结构设计 21
- 1.7.5 数据库物理设计 23
- 1.7.6 数据库实施 24
- 1.7.7 数据库运行和维护 24
- 1.7.8 数据库设计案例 24
本章小结 27
实训项目 27
- 项目："网上书店"数据库 27
课后习题 28

第2章 MySQL基础 29
2.1 MySQL概述 30

2.2 MySQL的安装与配置 31
- 2.2.1 Windows平台下MySQL的安装 ... 31
- 2.2.2 Windows平台下MySQL的配置 ... 35
- 2.2.3 Linux平台下MySQL的安装 42
2.3 MySQL的使用 44
- 2.3.1 启动MySQL服务 44
- 2.3.2 登录MySQL数据库服务器 ... 46
- 2.3.3 MySQL的相关命令 47
- 2.3.4 重新配置MySQL 49
本章小结 51
实训项目 51
- 项目：MySQL环境 51
课后习题 52

第3章 数据库和数据表的基本操作 ... 53
3.1 数据库的基本操作 54
- 3.1.1 创建数据库 54
- 3.1.2 查看数据库 54
- 3.1.3 修改数据库 55
- 3.1.4 删除数据库 56
3.2 数据类型 56
3.3 数据表的基本操作 59
- 3.3.1 创建数据表 59
- 3.3.2 查看数据表 60
- 3.3.3 修改数据表 61
- 3.3.4 删除数据表 65
3.4 数据表的约束 66
- 3.4.1 PRIMARY KEY CONSTRAINT（主键约束） ... 66
- 3.4.2 FOREIGN KEY CONSTRAINT（外键约束） ... 69
- 3.4.3 NOT NULL CONSTRAINT（非空约束） ... 73

3.4.4 UNIQUE CONSTRAINT
（唯一约束）.................................76
3.4.5 DEFAULT CONSTRAINT
（默认约束）.................................78
3.5 设置表的字段值自动增加........80
3.6 综合案例——学生选课
数据库 82
3.6.1 创建"学生选课"数据库............82
3.6.2 在"学生选课"数据库中创建表.....82
本章小结 84
实训项目 85
项目 1：创建"网上书店"数据库............85
项目 2：在"网上书店"数据库中
创建表 85
课后习题 86

第 4 章 数据表记录的更新操作 ... 87

4.1 数据表记录的插入 88
4.1.1 向数据表中插入单条记录............88
4.1.2 向数据表中插入多条记录............89
4.2 数据表记录的修改.....................90
4.3 数据表记录的删除.....................91
4.3.1 使用 DELETE 删除数据...............91
4.3.2 使用 TRUNCATE 清空数据...........92
本章小结 93
实训项目 93
项目：在"网上书店"数据库的相关
数据表中插入数据.............................93
课后习题 94

第 5 章 数据查询 95

5.1 SELECT 语句的基本语法 96
5.2 简单查询.....................................97
5.2.1 基本查询..97
5.2.2 使用 WHERE 子句......................100
5.2.3 使用 ORDER BY 子句................105
5.2.4 使用 LIMIT 子句........................106

5.3 统计查询...................................107
5.3.1 集合函数......................................107
5.3.2 使用 GROUP BY 子句.................108
5.4 多表查询...................................111
5.4.1 交叉连接......................................111
5.4.2 内连接..113
5.4.3 外连接..115
5.4.4 自连接..116
5.5 子查询....................................... 117
5.5.1 比较子查询.................................. 117
5.5.2 IN 子查询....................................118
5.5.3 批量比较子查询..........................120
5.5.4 EXISTS 子查询...........................121
5.5.5 在 INSERT、UPDATE、DELETE
语句中使用子查询....................123
5.6 合并结果集.......................125
本章小结..125
实训项目..126
项目 1：在"网上书店"数据库中进行
简单查询................................126
项目 2：在"网上书店"数据库查询中
使用集合函数........................126
项目 3：在"网上书店"数据库查询中
使用连接查询和子查询........127
课后习题..127

第 6 章 存储过程与事务..........129

6.1 MySQL 程序设计基础..........130
6.1.1 变量..130
6.1.2 流程控制语句..............................131
6.1.3 光标..134
6.2 存储过程概述.......................135
6.2.1 存储过程的基本概念..................136
6.2.2 存储程序的类型..........................136
6.2.3 存储过程的作用..........................136
6.3 创建和执行存储过程..........137
6.3.1 创建和执行不带输入参数的
存储过程................................137

6.3.2 创建和执行带输入参数的
存储过程 138
6.3.3 创建和执行带输出参数的
存储过程 140
6.4 管理存储过程 142
6.4.1 查看存储过程 142
6.4.2 修改存储过程 142
6.4.3 删除存储过程 143
6.5 存储函数 144
6.5.1 存储过程与存储函数的
联系与区别 144
6.5.2 创建和执行存储函数 144
6.5.3 查看存储函数 146
6.5.4 删除存储函数 146
6.5.5 MySQL 的系统函数 146
6.6 事务 148
6.6.1 事务概述 148
6.6.2 事务的提交 149
6.6.3 事务的回滚 150
6.6.4 事务的隔离级别 151
本章小结 152
实训项目 152
项目 1：在"网上书店"数据库中创建
存储过程 152
项目 2：在"网上书店"数据库中创建
带输入输出参数的存储过程 153
项目 3：在"网上书店"数据库中实现
事务处理 153
课后习题 153

第 7 章　索引、视图和触发器 155

7.1 索引 156
7.1.1 索引概述 156
7.1.2 索引的分类 156
7.1.3 索引的设计原则 157
7.1.4 创建索引 158
7.1.5 删除索引 165
7.2 视图 165

7.2.1 视图的基本概念 165
7.2.2 视图的优点 166
7.2.3 定义视图 166
7.2.4 查看视图 168
7.2.5 修改和删除视图 171
7.2.6 更新视图 172
7.3 触发器 176
7.3.1 触发器概述 176
7.3.2 创建触发器 176
7.3.3 触发器的使用 177
7.3.4 查看触发器的定义 182
7.3.5 删除触发器 183
本章小结 183
实训项目 184
项目 1：在"网上书店"数据库中创建
索引并查看维护 184
项目 2：在"网上书店"数据库中创建
视图并维护使用 184
项目 3：在"网上书店"数据库中创建
触发器 184
项目 4：在"网上书店"数据库中使用
触发器 185
项目 5：在"网上书店"数据库中删除
触发器 185
课后习题 185

第 8 章　数据库高级管理 187

8.1 数据库的备份与恢复 188
8.1.1 数据库的备份 189
8.1.2 数据库的恢复 191
8.2 用户管理 193
8.2.1 user 表 193
8.2.2 创建新用户 194
8.2.3 删除普通用户 197
8.2.4 修改用户信息 199
8.3 权限管理 202
8.3.1 MySQL 的权限类型 202
8.3.2 权限查询 203

8.3.3 权限授予 204
8.3.4 权限收回 205
本章小结 207
实训项目 207
 项目 1：使用 SQL 语句备份与恢复数据 207
 项目 2：创建新用户 207
 项目 3：用户权限的授予和收回 207
课后习题 207

第 9 章　项目案例 208

9.1 案例分析 209
 9.1.1 需求概述 209
 9.1.2 问题分析 209

9.2 项目设计 211
 9.2.1 数据库设计 211
 9.2.2 创建库、创建表、创建约束 213
 9.2.3 插入测试数据 216
 9.2.4 编写 SQL 语句实现银行的日常业务 219
 9.2.5 创建、使用视图 221
 9.2.6 使用事务和存储过程实现业务处理 222

9.3 进度记录 225

参考文献 227

第 1 章

数据库基础

本章目标：

- 了解数据库的相关概念和数据管理技术的发展
- 熟悉数据模型的概念和常见的数据模型
- 掌握 E-R 图的设计过程
- 掌握关系数据库的规范化
- 了解数据库设计步骤

1.1 数据库的基本概念

数据库技术是现代信息科学与技术的重要组成部分，是计算机数据处理与信息管理系统的核心，是一种计算机辅助管理数据的方法，研究如何组织和存储数据，如何高效地获取和处理数据。

在系统地学习数据库技术之前，需要先了解数据库技术中涉及的基本概念，主要包括：信息、数据、数据处理、数据库、数据库管理系统以及数据库系统。

1. 信息（Information）

信息是现实世界事物的存在方式或运动状态的反映，它通过符号（如文字、图像等）和信号（如有某种含义的动作、光电信号等）等具体形式表现出来。信息具有可感知、可存储、可加工、可再生等自然属性，是各行各业不可或缺的资源。

2. 数据（Data）

数据是描述事物的符号记录，可以是数字、文字、图形和声音等。数据是数据库中存储的基本对象，是信息的载体。人们在日常生活中为了交流信息，需要描述各种各样的事物，这时采用的通常是自然语言。例如，在学校内要描述一个学生通常会说："张三丰是一名 2017 年入学的信息工程系的男学生，1999 年 9 月出生，河南人"。但是计算机是不能直接识别以上自然语言的。在计算机中，为了存储和处理这些事物，就需要抽取出这些事物的部分特征，组成一条记录来描述。例如，我们对学生最感兴趣的是姓名、性别、出生日期、籍贯、系别、入学时间，可以这样来描述一个学生：

（张三丰，男，1999.9，河南，信息工程系，2017）

以上这条记录就是数据。对于这条记录，了解其含义的人会得到如下信息：张三丰是一名学生，男，2017 年入学，在信息工程系学习，1999 年 9 月出生，河南人。而不了解其含义的人，就不能得出以上信息。可见，数据的形式还不能完全表达其内容，需要经过数据解释。所谓数据解释就是对数据含义的说明，数据的含义称为数据的语义，也就是数据承载的信息，数据与其语义是不可分的。因此，数据是信息的载体，是符号表示；信息是数据的内容，是数据解释。

3. 数据库（Database，简称 DB）

数据库，简单来说，就是存放数据的仓库。只不过这个仓库是长期存储在计算机中的，是有组织的、可共享的相关数据集合。数据库具有如下特性。

（1）数据库是具有逻辑关系和确定意义的数据集合。

（2）数据库是针对明确的应用目标而设计、建立和加载的。每个数据库都具有一组用户，并为这些用户的应用需求服务。

（3）一个数据库反映了客观事物的某些方面，而且需要与客观事物的状态始终保持一致。

（4）数据库中存放的数据独立于应用程序。数据的存取操作由数据库管理系统（DataBase Management System，简称 DBMS）负责，极大减少了应用程序维护的成本。而且数据库中的数据可以被新的应用程序所使用，增强了数据库的共享性和易扩充性。

（5）数据库集中了各种应用程序的数据，这些数据可以长期存储在计算机的辅助存储器中，用户只有向数据库管理系统提出某些明确请求时,才能到数据库中对数据进行各种操作。

(6)数据库将多个应用程序的数据统一存储并集中使用,将数据库中的多个文件组织起来,相互之间建立密切的联系,尽可能避免同一数据的重复存储,减少和控制了数据冗余,保证了整个系统数据的一致性。

4. 数据库管理系统(DataBase Management System,简称 DBMS)

数据库管理系统是一种操纵和管理数据库的大型软件,用于建立、使用和维护数据库。它对数据库进行统一的管理和控制,以保证数据库的安全性和完整性。用户通过数据库管理系统访问数据库中的数据,数据库管理员也通过数据库管理系统进行数据库的维护工作。数据库管理系统使多个应用程序和用户可以用不同的方法在同一时刻或不同时刻去建立、修改和询问数据库。数据库管理系统是数据库系统的核心,是管理数据的软件,是数据库系统的一个重要组成部分。数据库管理系统帮助用户把抽象的逻辑数据处理转换为计算机中具体的物理数据处理。这样,用户可以对数据进行抽象的逻辑处理,而不必理会这些数据在计算机中的布局和物理位置。

数据库管理系统功能强大,主要包括以下几个方面。

(1)数据定义功能:数据库管理系统提供数据定义语言(Data Definition Language,DDL)用于描述数据的结构、约束性条件和访问控制条件,为数据库构建数据框架,以便操作和控制数据。

(2)数据操纵功能:数据库管理系统提供数据操纵语言(Data Manipulation Language,DML)用于操纵数据,实现对数据库的基本操作,如:追加、删除、更新、查询等。数据库管理系统对相应的操作过程进行确定和优化。

(3)数据库的运行管理功能:包括多用户环境下的并发控制、安全性检查和存取限制控制,完整性检查和执行,运行日志的组织管理,事务的管理和自动恢复。这些功能保证了数据库系统的正常运行。

(4)数据组织、存储与管理功能:数据库管理系统要分类组织、存储和管理各种数据,包括数据字典、用户数据、存取路径等,需确定以何种文件结构和存取方式在存储级别上组织这些数据,以及如何实现数据之间的联系。数据组织和存储的基本目标是提高存储空间利用率,选择合适的存取方法以提高存取效率。

(5)数据库的保护功能:数据库管理系统对数据库的保护通过 4 个方面来实现:数据库的恢复、数据库的并发控制、数据库的完整性控制、数据库的安全性控制。数据库管理系统的其他保护功能还有系统缓冲区的管理以及数据存储的某些自适应调节机制等。

(6)数据库的维护功能:包括数据库的数据载入、转换、转储,数据库的重组织以及性能监控等功能,这些功能由各个实用程序来完成。

(7)数据库接口功能:数据库管理系统提供数据库的用户接口,以适应各类不同用户的不同需要。

5. 数据库系统(Database System,简称 DBS)

数据库系统是计算机系统的重要组成部分,是指引入了数据库后的计算机系统。DBS 通常由硬件、软件、数据库、人员组成。

(1)硬件:构成计算机系统的各种物理设备,包括存储所需的外部设备。硬件的配置应能满足整个数据库系统的需要。

（2）软件：包括操作系统、数据库管理系统及应用程序。

（3）数据库：长期存储在计算机内的、有组织、可共享的数据的集合。

（4）人员：主要有4类。

第一类为系统分析员和数据库设计人员。系统分析员负责应用系统的需求分析和规范说明，他们和最终用户及数据库管理员一起确定系统的硬件配置，并参与数据库系统的概要设计。数据库设计人员负责数据库中数据的确定，数据库各级模式的设计。

第二类为应用程序员。他们负责编写使用数据库的应用程序。这些应用程序可对数据进行检索、建立、删除或修改。

第三类为最终用户。他们利用系统的接口或查询语言访问数据库。

第四类为数据库管理员（DataBase Administrator，简称DBA）。他们负责数据库的总体信息控制。DBA的具体职责包括：决定数据库中的信息内容和结构，决定数据库的存储结构和存取策略，定义数据库的安全性要求和完整性约束条件，监控数据库的使用和运行，改进数据库的性能，对数据库进行重组和重构，以提高系统的性能。

数据库系统的结构如图1-1所示。

图1-1 数据库系统结构图

1.2 常见的数据库

1. Oracle

Oracle是甲骨文公司的一款关系数据库管理系统（Relational Database Management System，RDBMS），在数据库领域一直处于领先地位。Oracle产品系列齐全，几乎囊括所有应用领域，大型、完善、安全，可以支持多个实例同时运行。它能在几乎所有主流平台上运行，支持所有的工业标准，采用完全开放策略，可以使客户选择最适合的解决方案，对开发商给予全力支持。可以说Oracle是目前世界上使用最广泛的关系数据库管理系统之一，通常大型企业都会选择Oracle作为后台数据库来处理海量数据。

2. SQL Server

SQL Server是由微软公司开发的一个大型关系数据库管理系统，具有使用方便、可伸缩性好、与相关软件集成度高等优点，为用户提供了一个安全、可靠、易管理的高端客户机/服务器数据库平台，现在已经广泛应用于电子商务、银行、保险等各行业。它最初是由Microsoft、Sybase和Ashton-Tate三家公司共同开发的，于1988年推出了第一个OS/2版本。在Windows NT推出后，Microsoft与Sybase在SQL Server的开发上正式分开，Microsoft将SQL Server移植到Windows NT系统上，专注于开发推广SQL Server的Windows NT版本；Sybase则专注于SQL Server在UNIX操作系统上的应用。

3. MySQL

MySQL 是一个关系数据库管理系统，由瑞典 MySQL AB 公司开发，目前属于甲骨文公司旗下产品，是最流行的关系数据库管理系统之一。在 Web 应用方面，MySQL 是最好的关系数据库管理系统（Relational Database Management System，RDBMS）应用软件。

MySQL 具有跨平台的优点，它不仅可以在 Windows 平台上使用，还可以在 UNIX、Linux 和 Mac OS 等平台上使用。由于其体积小、速度快、总体拥有成本低，尤其是开放源码这一特点，一般中小型网站的开发都选择 MySQL 作为网站后台数据库。

4. DB2

DB2 是由美国 IBM 公司开发的一种关系数据库管理系统，它主要运行在 UNIX、Linux、Windows 及 IBM i（旧称 OS/400）服务器等平台上。

DB2 主要应用于大型应用系统，具有较好的可伸缩性，支持从大型机到单用户等各种环境，可应用于所有常见的服务器操作系统平台。DB2 支持标准的 SQL，并且提供了高层次的数据完整性、安全性、可恢复性，以及从小规模到大规模应用程序的执行能力，适用于海量数据的存储。DB2 的查询优化器功能强大，其外部连接改善了查询性能，支持多任务并行查询。DB2 具有很好的网络支持能力，每个子系统可以连接十几万个分布式用户，可同时激活上千个活动线程，对大型分布式应用系统尤为适用。但相对于其他数据库管理系统，DB2 的操作比较复杂。

5. Access

Access 是由微软公司开发的一种关系数据库管理系统，是目前最流行的关系数据库管理系统之一。Access 的核心是 Microsoft Jet 数据库引擎，是一个把数据库引擎的图形用户界面和软件开发工具结合在一起的数据库管理系统。

Access 可以满足小型企业客户机/服务器解决方案的要求，是一种功能较完备的系统，它几乎包含了数据库领域的所有技术和内容，利用它可以创建、修改和维护数据库及数据库中的数据，并且可以利用向导来完成对数据库的一系列操作。

6. SQLite

SQLite 是一种轻型数据库，它是遵守 ACID（数据库事务正确执行的 4 个特性）原则的关系数据库管理系统，包含在一个相对小的 C 库中。它的设计目标是嵌入式的，而且目前已经在很多嵌入式产品中使用了它，它占用资源非常少，能够支持 Windows、Linux、UNIX 等主流操作系统，同时能够和很多程序语言相结合。

1.3 数据管理技术的发展

数据库技术是随着数据管理任务的需求而产生的，管理数据是数据库最核心的任务。数据处理是指对各种数据进行收集、加工、存储和传播的一系列活动的总和。数据管理则是指对数据进行的分类、组织、编码、存储、检索和维护，它是数据处理的核心问题。

计算机设计的初衷是进行复杂的科学计算。随着计算机技术的快速发展，人们开始利用计算机进行数据的管理。总体来说，数据管理技术的发展经历了如下几个阶段：人工管理阶段、文件系统阶段、数据库系统阶段。

1.3.1 人工管理阶段

人工管理阶段是指 20 世纪 50 年代中期以前。当时计算机的软硬件技术均不完善，人们主要使用计算机进行科学计算。在硬件方面，存储设备只有磁带、卡片和纸带，没有大容量的外部存储器；在软件方面，没有操作系统和管理数据的软件。人工管理阶段的数据处理方式是批处理，而且基本上依赖于人工。人工管理阶段具有如下特点。

（1）数据不能长期保存，用完就删除

当时的计算机主要应用于科学计算，并不需要长期保存数据，只是在需要时输入数据，完成计算后就可以删除数据。

（2）数据的管理由应用程序完成

当时并没有相关的软件来管理数据，数据需要由应用程序自己来管理。应用程序不仅要规定数据的逻辑结构，还要设计数据的物理结构，如存储结构、存取方法等。

（3）数据面向应用，不能共享

数据是面向应用的，一组数据只能对应一个应用程序。当多个应用程序涉及某些相同的数据时，必须各自定义，无法相互利用、相互参照，产生了大量的冗余数据。

（4）数据不独立。

由于是使用应用程序管理数据，当数据的逻辑结构或物理结构发生变化时，必须也对应用程序做相应的修改。

人工管理阶段的应用程序与数据集的对应关系如图 1-2 所示。

图 1-2　人工管理阶段

1.3.2 文件系统阶段

20 世纪 50 年代后期到 60 年代中期，计算机软硬件技术迅速发展。硬件方面，有了磁盘、磁鼓等可以直接存取的存储设备；软件方面，操作系统中已经有了专门管理数据的软件，称为文件系统。数据处理方式上不仅有了批处理，而且能够联机实时处理。在这个时期，计算机应用范围逐渐扩大，从科学计算领域发展到了数据管理领域。文件系统阶段具有如下特点。

（1）数据实现了长期保存

由于计算机逐步被应用于数据管理领域，数据可以以文件的形式长期保存在外存储器上，以供应用程序进行查询、修改、插入、删除等操作。

（2）由文件系统管理数据

由专门的软件即文件系统管理数据，文件系统把数据组织成相互独立的数据文件，采用"按文件名访问，按记录存取"的技术对文件进行各种操作。文件系统提供存储方法负责应用程序和数据之间的转换，使得应用程序与数据之间有了一定的独立性，程序员可以更专注于算法的设计而不必过多地考虑物理细节而且数据在存储上的改变不一定反映到应用程序上，在很大程度上减少了维护应用程序的工作量。

（3）数据共享率低，冗余度高

在文件系统中，文件仍然是面向应用程序的。当不同的应用程序具有部分相同的数据时，必须要建立各自的文件，由于不能共享相同数据，导致数据的冗余度高。同时，这部分相同数据的重复存储和独立管理极易导致数据的不一致，给数据的修改和维护带来困难。

（4）数据独立性差

文件系统中的文件是为某一特定的应用程序服务的，数据和应用程序之间是相互依赖的关系，要想改变数据的逻辑结构也要相应地修改应用程序和文件结构的定义。对应用程序进行修改，也会引起文件结构的改变。因此数据和应用程序之间缺乏独立性，文件系统并不能完全反映客观世界事物之间的内在联系。

文件系统阶段的应用程序与文件的对应关系如图1-3所示。

图1-3　文件系统阶段

1.3.3　数据库系统阶段

20世纪60年代后期以来，随着计算机性能的日益提高，其应用领域也日益扩大，数据量急速增长，同时多种应用、多种语言互相交叉地共享数据集合的要求也越来越多。这一时期，计算机硬件技术快速发展，大容量磁盘、磁盘阵列等基本的数据存储技术日趋成熟并投入使用，同时价格不断下降；而软件方面，编制和维护系统软件及应用程序所需的成本却在不断增加；在处理方式上，联机实时处理要求更多，人们开始考虑分布式处理。以上种种导致文件系统作为数据管理手段已经不能满足应用的需要。为了满足和解决实际应用中多个用户、多个应用程序共享数据的要求，从而使数据能为尽可能多的应用程序服务，数据库这样的数据管理技术应运而生。数据库的特点是数据不再只针对某一个特定的应用，而是面向全组织，共享性高，冗余度低，程序与数据之间具有一定的独立性，由数据库对数据进行统一控制。数据库系统阶段具有如下特点。

（1）数据结构化。在描述数据时不仅要描述数据本身，还要描述数据之间的联系。数据结构化是数据库的主要特征之一，也是数据库系统与文件系统的本质区别。

（2）数据共享性高、冗余少且易扩充。数据不再针对某一个应用，而是面向整个系统，数据可被多个用户和多个应用共享使用，而且可轻易增加新的应用来共享数据。数据共享可大大减少数据冗余并节省存储空间，并能更好地保证数据的安全性和完整性。

（3）数据独立性高。应用程序与数据库中的数据相互独立，数据的定义从程序中分离出去，数据的存取由数据库管理系统负责，从而简化了应用程序的编制，大大减少了应用程序的维护和修改带来的开销。

（4）数据由数据库管理系统统一管理和控制。数据库为多个用户和应用程序所共享，对数据库中数据的存取很多时候是并发的，即多个用户可以同时存取数据库中的数据，甚至可以同时存取数据库中的同一个数据，为确保数据库数据的正确有效和数据库系统的有效运行，数据库管理系统提供以下几方面的数据控制功能。

数据安全性控制：防止因不合法使用而造成数据的泄露和破坏，保证数据的安全和机密。

数据完整性控制：系统通过设置一些完整性规则，以确保数据的正确性、有效性和相容性。

并发控制：当多个用户同时存取、修改数据库时，可能由于相互干扰而给用户提供不正确的数据，并使数据库遭到破坏，因此必须对多用户的并发操作加以控制和协调。

数据恢复：当数据库被破坏或数据不可靠时，系统有能力将数据库从错误状态恢复到最近某一时刻的正确状态。

数据库系统阶段应用程序与数据的对应关系如图 1-4 所示。

图 1-4 数据库系统阶段

1.4 数据模型

1.4.1 数据模型的概念

模型是现实世界特征的模拟与抽象，比如日常生活中所见到的汽车模型、航空模型等都是具体的模型，人们见到这些模型就联想到真实的事物。数据模型（Data Model）也是一种模型，它是数据特征的抽象。数据模型是数据库系统的核心与基础，它从抽象层次上描述了系统的静态特征、动态行为和约束条件，为数据库系统的信息表示与操作提供了一个抽象的框架。数据模型所描述的内容有三部分：数据结构、数据操作和数据的约束条件。

（1）数据结构：主要描述数据的类型、内容、性质以及数据间的联系等，是对系统静态特征的描述。数据结构是数据模型的基础，数据操作和约束都是建立在数据结构上的，不同的数据结构具有不同的操作和约束。通常按照数据结构的类型来命名数据模型，例如层次结构、网状结构和关系结构的数据模型分别被命名为层次模型、网状模型和关系模型。

（2）数据操作：主要描述在相应的数据结构上进行的操作类型和操作方式，是对系统动态特征的描述。

（3）数据的约束条件：主要描述数据结构内数据间的语法、词义联系、制约和依存关系，以及数据动态变化的规则，以保证数据的正确、有效和相容。它是一组完整性规则的集合，用以限定符合数据模型的数据库状态及其变化。

1.4.2 数据模型的分类

现有的数据库系统都是建立在某种数据模型之上的。数据模型应满足三个要求：一是能比较真实地模拟现实世界，二是容易让人理解，三是在计算机中比较容易实现。一种数据模型要同时满足这三个要求会比较困难，因此在数据库系统中针对不同的使用对象和应用目的会分别采用不同的数据模型。不同的数据模型实际上也是提供给我们模型化数据和信息的不同工具。根据应用的不同目的，目前广泛使用的数据模型有两类，它们分别属于两个不同的层次。

（1）概念模型：也称为信息模型，是一种面向用户、面向客观世界的模型，主要用来描述世界的概念化结构。它按用户的观点对数据和信息建模，帮助数据库的设计人员在设计的初始阶段，摆脱计算机系统及数据库管理系统的具体技术问题，集中精力分析数据以及数据之间的联系等，与具体的数据库管理系统无关。概念模型是现实世界到信息世界的第一次抽象，用于信息世界的建模，是数据库设计人员的有力工具，也是数据库设计人员与用户之间交流的语言。

（2）数据模型：它直接面向数据库的逻辑结构，是对现实世界的第二次抽象。它按计算机系统的观点对数据建模，主要用于数据库管理系统的实现。目前最常用的数据模型主要包括层次模型、网状模型、关系模型。

现实世界转换为计算机世界的过程如图 1-5 所示。

图 1-5　现实世界转换为计算机世界的过程

1.4.3　概念模型的表示方法

1. 信息世界的基本概念

（1）实体（Entity）：是指客观世界中存在并且可以相互区分的事物，可以是具体的人、事、物等实际对象，也可以是抽象的概念和联系。一个学生、一个部门、一门课、一次选课、部门与职工的关系等都是实体。

（2）属性（Attribute）：是指实体所具有的某一特性，一个实体包含若干属性。例如，职工实体可以由职工号、姓名、性别、年龄、学历、部门等属性描述。（1001，张三丰，男，33，研究生，技术部）这个属性组合用来描述一个职工实体。

（3）码（Key）：是指唯一标识实体的属性或属性集。例如，职工号是职工实体的码。

（4）域（Domain）：是指属性的取值范围。例如，职工号的域为 4 位整数。

（5）实体型（Entity Type）：具有相同属性的实体必然具有共同的特征和性质，可以用实体名及其属性名集合来抽象刻画这些实体。例如，职工（职工号，姓名，性别，年龄，学历，部门）就是一个实体型。

（6）实体集（Entity Set）：同类实体的集合称为实体集。例如，全体职工就是一个实体集。

（7）联系（Relationship）：在客观世界中，事物内部及事物之间是普遍存在联系的，这些联系在信息世界中表现为实体（型）内部的联系和实体（型）之间的联系。实体内部的联系通常是指组成实体的各属性之间的联系。实体之间的联系通常是指不同实体型之间的联系。

2. 概念模型的表示方法

概念模型的表示方法有很多，最常用的表示方法为实体-联系方法（Entity-Relationship Approach），简称 E-R 方法，该方法使用 E-R 图（Entity-Relationship Diagram，实体-联系图）来描述现实世界的概念模型。E-R 方法也称为 E-R 模型（Entity-Relationship Model）。

（1）实体型用矩形表示，在矩形框内写实体名。

（2）属性用椭圆形表示，在椭圆框内写属性名，并用无向边将其与相应的实体连接起来。例如：学生实体具有学号、姓名、性别、年龄、班级等属性。用 E-R 图表示如图 1-6 所示。

图1-6 学生实体及属性

（3）联系用菱形表示，在菱形框内写联系名，并用无向边分别与有关实体连接起来，同时在无向边旁边标注联系的类型。两个实体型之间的联系通常有 3 种。

一对一联系（1:1）：在该联系中，对于实体集 A 中的每一个实体，实体集 B 中至多有一个（也可以没有）实体与之联系，反之亦然，记为 1:1。其联系如图 1-7 所示。例如，一个职工只能有一个工作证，一个工作证只能属于一个职工，则职工和职工证之间就是一对一的联系。

一对多联系（1:n）：在该联系中，对于实体集 A 中的每一个实体，实体集 B 中有 n（n≥0）个实体与之联系。反之，对于实体集 B 中的每一个实体，实体集 A 中至多有一个实体与之联系，记为 1:n。其联系如图 1-8 所示。例如，一个职工可以有多个手机号码，但一个手机号码只能实名认证给一个职工，职工与手机号码之间的联系就是一对多的联系。

多对多联系（m:n）：在该联系中，对于实体集 A 中的每一个实体，实体集 B 中有 n（n≥0）个实体与之联系。反之，对于实体集 B 中的每一个实体，实体集 A 中也有 m（m≥0）个实体与之联系，记为 m:n。其联系如图 1-9 所示。例如，一个项目可以有多个职工参加，而一个职工也可以参加多个项目，则项目和职工之间的联系是多对多的联系。

实际上，一对一联系是一对多联系的特例，而一对多联系又是多对多联系的特例。

图1-7 1:1联系　　　　图1-8 1:n联系　　　　图1-9 m:n联系

通常，两个以上的实体型之间也存在着一对一、一对多、多对多联系。例如，对于课程、教师与参考书三个实体集来说，一门课程可以由若干个老师讲授，使用若干本参考书，每一个老师只讲授一门课程，每一本参考书只供一门课程使用，则课程、教师与参考书三者之间的联系是一对多的，如图 1-10 所示。

再如，对于供货商、工程、材料三个实体集来说，一个供货商可以供给多个工程多种材料，而每个工程可以使用多个供货商提供的材料，每种材料又可以由不同的供货商提供，则供货商、工程、材料三者之间的联系是多对多的，如图 1-11 所示。

图1-10 三个实体集之间一对多的联系　　　图1-11 三个实体集之间多对多的联系

同一个实体集内的各实体之间也存在一对一、一对多、多对多的联系。例如职工实体集内部具有领导与被领导的联系，即某一职工（干部）"领导"若干名职工，而一个职工仅被另外一个职工直接领导，因此这是同一实体集内一对多的联系，如图1-12所示。

注意，如果联系也具有属性，则这些属性也要用无向边与该联系连接起来。例如学生与课程之间存在学习的联系，学习就有"成绩"这一属性。学生与课程的E-R图如图1-13所示。

图1-12 同一实体集内1∶n联系

图1-13 学生与课程的E-R图

1.5 常见的数据模型

数据库领域中的常见的数据模型有4种：层次模型、网状模型、关系模型、面向对象模型。其中，层次模型和网状模型统称为非关系模型，出现较早，现在已经逐渐被关系模型取代。关系模型的开发虽相对较晚，但由于其优点很多，具有很强的实用性，一直被广泛使用。下面分别介绍这几种数据模型。

1. 层次模型（Hierarchical Model）

层次模型用树形结构表示各类实体及实体间联系。它是数据库系统中最早出现的数据模型。

层次模型的特点：
- 有且仅有一个结点无双亲结点，称为根结点；
- 除根结点之外的其他结点有且仅有一个双亲结点。

层次模型结构如图 1-14 所示。

图 1-14　层次模型

在层次模型中，每个结点表示一个记录类型，记录类型之间的联系用结点之间的连线实现，这样就会导致层次模型只能表示 1:n 的联系。尽管有许多辅助手段可以实现 m:n 的联系，但都比较复杂，不易掌握。

2. 网状模型（Network Model）

网状模型用网络结构表示各类实体及实体间联系。

网状模型的特点：
- 允许一个以上的结点无双亲结点；
- 一个结点可以有多于一个的双亲结点。

网状模型有很多种，图 1-15 为几种典型的网状模型图例。

图 1-15　网状模型

在网状模型中，每个结点表示一个记录类型，每个记录类型可以包含若干个字段，结点之间的连线表示记录类型之间一对多的父子关系。

3. 关系模型（Relational Model）

用二维表的形式表示各类实体及实体间的联系。关系模型是目前最重要的一种数据模型。

（1）关系模型的数据结构

关系模型的数据结构就是一种二维表结构，它由行列组成，如表 1-1 所示学生信息表。

表 1-1 学生信息表

学号	姓名	性别	年龄	班级
J171001	张三丰	男	21	171
J171002	李静	女	20	171
J1711003	张明	男	21	171
J1721001	王丽	女	19	172
J1721002	李大成	男	22	172
J1721002	张白云	女	21	172
J1731003	刘芳芳	女	19	173
J1731003	赵明明	男	20	173

表中涉及一些常见术语，对其解释如下。

① 关系（Relation）：一个关系对应着一张二维表，二维表名就是关系名。

② 元组（Tuple）：表中的一行就是一个元组。也称为记录。

③ 属性（Attribute）：表中的一列称为一个属性，也称为字段。列的值就是属性值，属性值的取值范围为域（Domain）。

④ 分量：每一行对应的列的属性值，即元组中的一个属性值。

⑤ 关系模式：对关系的描述称为关系模式。一般表示为关系名（属性1，属性2，……，属性n）。

⑥ 候选键或候选码：关系中存在多个属性或属性集都能唯一标识该关系的元组，这些属性或属性集称为该关系的候选键或候选码。

⑦ 主键或主码：在一个关系的若干候选键中指定一个用来唯一标识该关系的元组，这个被指定的候选键称为主关键字，或简称为主键、关键字、主码。每一个关系都有且只能有一个主键，通常用较小的属性集作为主键。

⑧ 主属性和非主属性：包含在任何一个候选键中的属性称为主属性，不包含在任何一个候选键中的属性称为非主属性。

⑨ 外键或外码：当关系中的某个属性或属性集虽然不是该关系的主键，或者只是主键的一部分，但它却是别的关系的主键时，则称其为外键或者外码。

（2）关系模型的数据操作与完整性约束

关系模型的数据操作主要有查询、插入、删除和修改，这些操作必须满足关系模型的完整性约束条件。关系模型的完整性约束条件如下。

① 实体完整性规则（Entity Integrity Rule）：该规则要求关系中的元组在组成主键的属性上不能有空值且值必须唯一。

② 参照完整性规则（Reference Integrity Rule）该规则用于约束相关联的数据表间的数据保持一致。通过建立外键可以实现数据表之间的参照完整性。

③ 用户定义的完整性规则：针对某一具体数据库的约束条件并由相关的应用环境而确定。

（3）关系模型的优缺点

关系模型的优点如下。

① 数据结构单一。在该模型中，不管是实体还是实体之间的联系，都用关系来表示，而关

系都对应一张二维表，数据结构简单、清晰。

② 关系规范化，并建立在严格的数学理论基础之上。

③ 概念简单，用户容易理解和掌握，操作方便。

关系模型的缺点主要有：存储路径透明，查询效率不如非关系数据模型。

4. 面向对象模型（Object Oriented Model）

面向对象模型采用面向对象的方法来设计数据库，其数据库存储的数据以对象为单位，每个对象由属性和方法组成，具有类和继承等特点。

（1）面向对象模型中的常见概念

① 类（Class）：类是对客观世界中具有共同特征的事物的抽象。如学生是一个类、汽车也是一个类。

② 对象（Object）：对象是客观世界中概念化的实体，是类的具体实现。如一个学生、一辆汽车。

③ 封装（Encapsulation）：利用抽象数据类型将数据和数据的操作结合在一起，使其构成一个不可分割的独立实体，并且尽可能隐藏内部的细节，只保留一些对外接口来与外部联系。

④ 继承（Inheritance）：在一个现有类的基础上去构建一个新类，构建出来的新类被称作子类或派生类，现有类被称作父类或基类，子类会自动拥有父类所有可继承的属性和方法。

（2）面向对象模型的优点

① 适合处理丰富的数据类型，如图片、声音、视频、文本、数字等。

② 开发效率高。面向对象模型提供强大的特性，如封装、继承、多态等，允许开发者不编写特定对象的代码就可以构成对象并提供解决方案，有效地提高了开发效率。

③ 提高了数据访问的性能。

（3）面向对象模型的缺点

① 没有准确的定义。该模型很难提供一个准确的定义来说明面向对象的数据库管理系统应建成什么样。

② 维护起来比较麻烦。当对象的定义被改变或移植到其他数据库时，操作起来比较困难。

③ 不适合所有应用。该模型更适合于数据对象之间存在复杂关系的应用，并不适合所有应用。

1.6 关系数据库的规范化

在设计关系数据库时，不是随便哪种关系模式设计方案都可行，更不是任何一种关系模式都可以投入应用，一个好的关系模式必须满足一定的规范化要求。用户在设计关系数据库时，每一个关系都要遵守不同的规范要求。不同的规范化程度可用范式来衡量。范式（Normal Form）是符合某一种级别的关系模式的集合，是衡量关系模式规范化程度的标准，符合标准的关系才是规范化的。范式可以分为多个等级：第一范式（1NF）、第二范式（2NF）、第三范式（3NF）、BC范式（BCNF）、第四范式（4NF）、第五范式（5NF）等。满足最低要求的为第一范式，在第一范式基础上进一步满足一些要求的为第二范式，其余以此类推。通常情况下，数据规范到第三范式就可以了。将这三个范式应用到数据库设计中，能够减少数据冗余，消除插入异常、更新异常和删除异常。

1.6.1 第一范式（1NF）

如果关系模式 R 中所有的属性都是不可分解的，则称该关系模式 R 满足第一范式（First Normal Form），简称 1NF，记作 R∈1NF。

表 1-2 中的联系方式属性可以分成系别和班级两个属性，故不符合 1NF 的要求。如何将该表规范成 1NF 呢？可以有两种方法。一种方法是将联系方式属性展开，如表 1-3 所示。另一种方法是将该关系分解为两个关系，如表 1-4 和表 1-5 所示。在关系数据库中，1NF 是对关系模式设计的最基本要求。

表 1-2　学生信息表

学号	姓名	性别	年龄	联系方式
X171001	张无忌	男	21	信息工程系 171 班
G172011	赵敏	女	20	工商管理系 172 班
J171007	郭靖	男	21	机电工程系 171 班

表 1-3　学生信息表

学号	姓名	性别	年龄	系别	班级
X171001	张无忌	男	21	信息工程系	171 班
G172011	赵敏	女	20	工商管理系	172 班
J171007	郭靖	男	21	机电工程系	171 班

表 1-4　学生信息表

学号	姓名	性别	年龄
X171001	张无忌	男	21
G172011	赵敏	女	20
J171007	郭靖	男	21

表 1-5　联系方式表

学号	系别	班级
X171001	信息工程系	171 班
G172011	工商管理系	172 班
J171007	机电工程系	171 班

1.6.2 第二范式（2NF）

在学习 2NF 之前需要先了解一下函数依赖、完全函数依赖和部分函数依赖的概念。

通俗地讲，假设 A、B 是关系模式 R 中的两个属性或属性组合，A 的值一旦给定，B 的值就能唯一确定，称 A 函数确定 B 或 B 函数依赖于 A，记作 A→B。例如，对于教学关系 R（学号，姓名，年龄，性别，系名，系主任，课程名，成绩），其中学号属性的值一旦确定了，姓名属性的值也就唯一确定了，姓名函数依赖于学号，记作：学号→姓名。此关系中的函数依赖还有：学号→年龄，学号→性别，学号→系名，学号→系主任，系名→系主任，（学号，课程名）→成绩，（学号，姓名）→系名，等等。

如果 A→B 是 R 的一个函数依赖，且对于 A 的任何一个真子集 A'，A'→B 都不成立，则称 A→B 是完全函数依赖。反之，如果 A'→B 成立，则称 A→B 是部分函数依赖。例如，在教学关系 R 中，对于（学号，课程名）→成绩这个函数依赖，学号→成绩和课程名→成绩都不成立，所以（学号，课程名）→成绩是完全函数依赖。而对于（学号，姓名）→系名这个函数依赖，学号→系名成立，所以（学号，姓名）→系名是部分函数依赖。

那么什么是第二范式（2NF）呢？

如果一个关系模式 R∈1NF，且 R 中的每一个非主属性都完全函数依赖于码，则称该关系模式 R 满足第二范式（Second Normal Form），简称 2NF，记作 R∈2NF。

例如表 1-3 所示的学生信息表，学号能唯一地标识出该表中的每一行，所以学号是该表的主关键字。学号为"X171001"的学生姓名是"张无忌"，学生姓名完全能由学号来决定，也就是说有一个学号就会有且只有一个姓名与它对应，则称姓名完全函数依赖学号，也可以说学号决定了姓名。同理，表 1-3 中的性别、年龄、系别、班级属性也完全函数依赖于学号，符合 2NF 的要求。

2NF 是在 1NF 的基础上建立起来的，要求实体的非主属性必须完全依赖于主码，不能存在仅依赖主码一部分的属性，如果存在则要把这个属性和主码的这一部分分离出来形成一个新的关系。例如，学生成绩表（学号，姓名，课程号，课程名，成绩）中，"学号"和"课程号"字段组成主码，"成绩"完全依赖于该主码，但是"姓名"和"课程名"都只是部分依赖于主码，"姓名"可以由"学号"确定，并不需要"课程号"，而"课程名"是由"课程号"决定，并不依赖于"学号"。所以该关系模式就不符合 2NF，可以将其分解为三个符合 2NF 的关系模式：

（1）学生信息表（学号，姓名）

（2）课程信息表（课程号，课程名）

（3）成绩表（学号，课程号，成绩）

不满足 2NF 的关系会出现诸如插入异常、删除异常和修改复杂等问题。

1.6.3 第三范式（3NF）

如果一个关系模式 R∈2NF，且 R 中的每个非主属性都不传递函数依赖于码，则称该关系模式 R 满足第三范式（Third Normal Form），简称 3NF，记作 R∈3NF。

所谓传递函数依赖是指假设 A、B、C 是关系模式 R 中的 3 个属性或属性组合，如果 A→B，B∉A，B↛A，B→C，则称 C 对 A 传递函数依赖，传递函数依赖记作 A→C。

例如，学生信息表（学号，姓名，年龄，班级号，班主任）中，"班主任"依赖于"学号"。"班主任"对"学号"的依赖，是因为"班主任"依赖于"班级号"，"班级号"依赖于"学号"而产生的。这样就构成了传递依赖，因此不符合 3NF。

要想让这个关系模式符合 3NF，可以将其分解为两个关系模式：

（1）学生信息表（学号，姓名，年龄，班级号）

（2）班级信息表（班级号，班主任）

1.7 数据库设计

1.7.1 数据库设计概述

数据库设计是建立数据库及其应用系统的技术，是信息系统开发过程中的关键技术。数据库设计的主要任务是对于一个给定的应用环境，根据用户的各种需求，构造出最优的数据库模式，建立数据库及其应用系统，使之能够有效地对数据进行管理。数据库设计的内容主要有两个方面，分别是结构特性设计和行为特性设计。结构特性设计是指确定数据库的数据模型，在满足要求的前提下尽可能地减少冗余，实现数据共享。行为特性设计是指确定数据库应用的行为和动作，应用的行为由应用程序体现，所以行为特性的设计主要是应用程序的设计。在数据库领域中，通常会把使用数据库的各类系统称为数据库应用系统。因此，在进行数据库设计时，要和应用系统的设计紧密联系起来，也就是把结构特性设计和行为特性设计紧密结合起来。

针对数据库的设计，人们不断地研究与探索，在不同阶段从不同角度提出了各种数据库设计方法，这些方法运用软件工程的思想，提出了各种设计准则和规程，都属于规范设计法。依据规范设计的方法，考虑数据库及其应用系统开发的全过程，人们将数据库系统设计分为六个阶段：需求分析、概念结构设计、逻辑结构设计、数据库物理设计、数据库实施、数据库运行和维护，如图 1-16 所示。

图 1-16 数据库设计步骤

1.7.2 需求分析

需求分析就是分析用户的各种需求。进行数据库设计首先必须充分地了解和分析用户需求（包括数据与处理）。作为整个设计过程的起点，需求分析是否充分和准确，决定了在其上构建数据库的速度与质量。需求分析没做好，会导致整个数据库设计不合理、不实用，必须重新再设计。

需求分析的任务，就是对现实世界要处理的对象进行详细调查，充分了解现有系统的工作情况或手工处理工作中存在的问题，尽可能多地收集数据，明确用户的各种实际需求，然后在此基础上确定新的系统功能，新系统还得充分考虑今后可能的扩充与改变，不能仅按当前应用需求来设计。

调查用户实际需求通常按以下步骤进行。

（1）调查现实世界的组织机构情况。确定数据库设计与组织机构中的哪些部门相关，了解这些部门的组成情况及职责，为分析信息流程做准备。

（2）调查相关部门的业务活动情况。要调查相关部门需要输入和使用什么数据，这些数据该如何加工与处理，各部门需要输出哪些信息，这些信息输出到哪些部门，输出信息的格式是什么，这些都是调查的重点。

（3）在熟悉了业务活动的基础上，协助用户明确对新系统的各种实际需求，包括信息要求、处理要求、安全性与完整性要求，这也是调查过程中非常重要的一点。

（4）确定新系统的边界。对前面的调查结果进行初步分析，确定哪些功能现在就由计算机完成，哪些功能将来准备让计算机完成，哪些功能由人工完成。由计算机完成的功能就是新系统应该实现的功能。

在调查过程中根据不同的问题与条件，可以采用不同的调查方法。

（1）开调查会。通过与用户座谈的方式来了解业务活动情况及用户需求。

（2）设计调查表请用户填写。提前设计一个合理的针对业务活动的调查表，并将此表发给相关的用户进行针对性调查。

（3）查阅记录。查阅与原系统有关的数据记录。

（4）询问。对某些调查中的问题，可以找专人询问。

（5）请专家介绍。请业务活动过程中的用户或对业务熟练的专家介绍业务相关知识和活动情况，设计人员从中了解并询问相关问题。

（6）跟班作业。通过亲自参与各部门业务活动来了解用户的具体需求，但是这种方法比较耗时。

调查过程中的重点在于"数据"与"处理"。通过调查、收集与分析，获得用户对数据库的如下要求。

（1）信息需求。指用户需要从数据库中获得信息的内容与实质。也就是将来要往系统中输入什么信息及从系统中得到什么信息，由用户对信息的要求就可以导出对数据的要求，即在数据库中需存储哪些数据。

（2）处理要求。用户要实现哪些处理功能，对数据处理响应时间有什么样的要求及要采用什么样的数据处理方式。

（3）安全性和完整性要求。数据的安全性措施和存取控制要求，数据自身的或数据间的约束限制。

了解了用户的实际需求以后，还需要进一步分析和表达用户的需求。在众多的分析方法中，结构化分析方法（Structured Analysis，简称 SA 方法）是一种简单实用的方法。SA 方法从最上层的系统组织结构入手,采用自顶向下、逐层分解的方式分析系统。

经过需求分析阶段后会形成系统需求说明书,说明书中要包含数据流图、数据字典、各类数据的统计表格、系统功能结构图和必要的说明。该说明书在数据库设计的全过程中非常重要,是各阶段设计所依据的文档。

1.7.3 概念结构设计

概念结构设计是整个数据库设计的关键,是将需求分析阶段得到的用户需求进行总结、归纳,并抽象成信息结构即概念模型的过程。

概念结构设计通常有四类方法:

(1)自顶向下。首先定义全局概念结构的框架,再逐步细化。

(2)自底向上。首先定义各局部应用的概念结构,再按一定规则将它们集成起来,最后得到全局概念结构。

(3)逐步扩张。首先定义最重要的核心概念结构,然后向外扩张,以滚雪球的方式逐步生成其他概念结构,直至全局概念结构。

(4)混合策略。将自顶向下和自底向上相结合,先用自顶向下方法设计一个全局概念结构的框架,然后再以它为框架集成由自底向上方法设计的各局部概念结构。

在设计过程中通常先自顶向下进行需求分析,然后再自底向上设计概念结构。其方法如图1-17所示。

图1-17 自顶向下需求分析与自底向上概念结构设计

概念结构设计主要应用 E-R 图(Entity Relationship Diagram,实体-联系图)来完成。按照图 1-17 所示的自顶向下进行需求分析与自底向上进行概念结构设计的方法,概念结构的设计可以按照以下步骤进行。

1. 对数据进行抽象并设计局部 E-R 图

概念结构是对现实世界的一种抽象。抽象就是对客观的人、事、物和概念进行处理,把所需要的共同特性抽取出来而忽略非本质的内容,并把这些共同特性用概念精准地描述出来,组成模型。抽象通常有三种方法。

（1）分类（Classification）：定义某一类概念作为现实世界中一组对象的类型，这些对象具有某些共同的特性和行为。在 E-R 模型中，实体型就是这种抽象。例如，张三丰是学生，具有学生们共同的特性和行为。

（2）聚集（Aggregation）：定义某一类型的组成成分。在 E-R 模型中若干属性的聚集组成了实体型。例如学生有学号、姓名、系别、专业、班级等属性。有时某一类型的组成成分也可能是一个聚集，例如部门有部门名称、位置及经理等属性，而经理又有姓名、年龄、性别等属性。

（3）概括（Generalization）：定义类型之间的一种子集联系。例如学生是一个实体型，小学生、本科生也是实体型。但小学生和本科生均是学生的子集。

概念结构设计首先就是要利用上面的抽象机制对需求分析阶段收集到的数据分类、组织（聚集），形成实体型、属性和码，确定实体型之间的联系类型（一对一、一对多或多对多），进而设计 E-R 图。在设计的过程中应该遵循这样一个原则：现实世界中的事物能作为属性对待的，尽量作为属性对待。这点可以按以下两条准则来考虑。

（1）作为属性，不能再具有需要描述的性质，也就是属性是不可分的数据项。

（2）属性不能与其他实体型有联系，即 E-R 图所表示的联系是实体型之间的联系。

只要满足了以上两条准则，通常可作为属性对待。例如，职工是一个实体型，可以包括职工号、姓名、年龄等属性，如果职称没有与工资、福利挂钩就可以将其作为该实体型的属性，但如果不同的职称有不同的工资和住房标准等，则职称作为一个实体型会更合适，它的属性可以包括职称代码、工资、住房标准等。

2. 将各局部 E-R 图进行合并，形成初步 E-R 图

各局部 E-R 图设计完成后，还需要对它们进行合并，集成为系统整体的 E-R 图，当然，形成的这个 E-R 图只是一个初步的 E-R 图。局部 E-R 图的集成有两种方法。

（1）一次集成法，就是一次性地将所有局部 E-R 图合并为全局 E-R 图。此方法操作比较复杂，不易实现。

（2）逐步集成法，先集成两个局部 E-R 图，然后用累加的方式合并进去一个新的 E-R 图，这样一直继续下去，直到得到全局的 E-R 图。此方法降低了合并的复杂度，效率高。

无论采用哪种方法生成全局 E-R 图，在这个过程中都要考虑消除各局部 E-R 图之间的冲突和冗余。因为在合并过程中，各个局部应用所对应的问题不同，而且通常是由不同的设计人员进行局部 E-R 图设计，这样就会导致各局部 E-R 图之间有可能存在冲突，因此合并局部 E-R 图时要注意消除各局部 E-R 图中的不一致，以形成一个能为全系统所有用户共同理解和接受的统一概念模型。各局部 E-R 图之间的冲突主要有三类。

（1）属性冲突。主要包括：属性域冲突即属性值的类型、取值范围或取值集合不同。例如"年龄"，有的部门用日期表示，有的部门用整数表示；属性取值单位冲突，例如"体重"，有的以公斤为单位，有的以斤为单位。该冲突需要各部门协商解决。

（2）命名冲突。主要包括：同名异义，即不同意义的对象在不同的局部应用中具有相同的名字。例如"单位"可以表示职工所在的部门，也可以表示物品的重量或体积等属性；异名同义（一义多名），即意义相同的对象在不同的局部应用中有不同的名字。例如"项目"，有的部门称为项目，而有的部门称为课题。该冲突也可以通过讨论、协商来解决。

（3）结构冲突。主要包括：同一对象在不同的应用中具有不同的抽象。例如，"职称"在某一局部应用中作为实体，在另一局部应用中作为属性。在解决该冲突时就是把属性变为实体或把实体变为属性，使同一对象具有相同的抽象。

另外，同一实体在不同局部 E-R 图中的属性个数和排列顺序也可能不完全一致。解决方法是使该实体的属性取各局部 E-R 图中属性的并集，再适当调整属性的顺序。

此外，实体之间的联系也可能在不同的局部 E-R 图中呈现不同的类型。例如 E1 与 E2 在一个局部 E-R 图中是一对一联系，而在另一个局部 E-R 图中是多对多联系；又或者在一个局部 E-R 图中 E1 与 E2 有联系，而在另一个局部 E-R 图中 E1、E2 和 E3 三者之间有联系。解决方法是根据应用语义对实体联系的类型进行整合或调整。

3. 消除不必要的冗余，形成基本 E-R 图

在合并后的初步 E-R 图中，可能存在冗余的数据和冗余的联系。所谓冗余的数据是指可由基本数据导出的数据，冗余的联系是指可由其他联系导出的联系。冗余的数据和联系容易破坏数据库的完整性，增加数据库维护的难度，应该消除。但是，并不是所有的冗余都要消除，有时为了提高效率是可以允许冗余的存在的。因此在概念结构设计阶段，哪些冗余信息要消除，哪些可以保留，需要根据用户的整体需求来确定。消除了冗余的初步 E-R 图称为基本 E-R 图，它代表了用户的数据要求，决定了下一步的逻辑结构设计，是成功创建数据库的关键。

1.7.4 逻辑结构设计

概念结构设计阶段得到的 E-R 图是反映了用户需求的模型，它独立于任何一种数据模型，独立于任何一个数据库管理系统。逻辑结构设计阶段的任务就是将上一阶段设计好的基本 E-R 图转换为与选用的数据库管理系统产品所支持的数据模型相符合的逻辑结构。

目前的数据库应用系统通常采用支持关系模型的关系数据库管理系统，所以这里只讨论关系数据库的逻辑结构设计，也就是只介绍如何将 E-R 图向关系模型转换的原则与方法。

关系模型的逻辑结构是一组关系模式的集合。概念结构设计阶段得到的 E-R 图是由实体、实体的属性和实体间的联系三个要素组成的。所以 E-R 图向关系模型的转换要解决的问题是如何将实体、实体的属性和实体间的联系转换为关系模式。在转换过程中要遵循的原则如下。

（1）一个实体集转换为一个关系模式，实体的属性就是关系的属性，实体的码就是关系的码。

（2）可以将 1:1 联系转换为一个独立的关系模式，也可以与任意一端对应的关系模式合并。若为前者，则与该联系相连的各实体的码及联系本身的属性均转换为关系的属性，且每个实体的码均是该关系的候选码。若为后者，则需要在某一关系模式的属性中加入另一个关系模式的码和联系本身的属性。

【例 1-1】将图 1-18 所示的含有 1:1 联系的 E-R 图按上述规则转换为关系模式。

方案 1：联系转换为一个独立的关系模式：

职工（<u>职工号</u>，姓名，年龄）；

产品（<u>产品号</u>，产品名，价格）；

负责（<u>职工号</u>，<u>产品号</u>）。

方案 2："负责"与"职工"关系模式合并：

职工（<u>职工号</u>，姓名，年龄，产品号）；

产品（<u>产品号</u>，产品名，价格）。
方案3："负责"与"产品"关系模式合并：
职工（<u>职工号</u>，姓名，年龄）；
产品（<u>产品号</u>，产品名，价格，职工号）。

（3）可以将1:n联系转换为一个独立的关系模式，也可以与联系n端对应的关系模式合并。如果为前者，则与该联系相连的各实体的码及联系本身的属性均转换为关系的属性，而关系的码为n端实体的码；如果为后者，可以在n端实体中增加由联系对应的1端实体的码和联系的属性构成的新属性，新增属性后原关系的码不变。

【例1-2】将图1-19所示的含有1:n联系的E-R图转换为关系模式。
方案1：联系转换为一个独立的关系模式：
仓库（<u>仓库号</u>，地点，面积）；
产品（<u>产品号</u>，产品名，价格）；
仓储（<u>仓库号</u>，<u>产品号</u>，数量）。
方案2：与n端对应的关系模式合并：
仓库（<u>仓库号</u>，地点，面积）；
产品（<u>产品号</u>，产品名，价格，仓库号，数量）。

图1-18 1:1联系E-R图　　　　　　图1-19 1:n联系E-R图

（4）可以将m:n联系转换为一个关系模式。与该联系相连的各实体的码以及联系本身的属性均转换为关系的属性，关系的码为各个实体码的组合。

【例1-3】将图1-20所示的含有m:n联系的E-R图转换为关系模式。
转换后的关系模式为：
学生（<u>学号</u>，姓名，年龄，性别）；
课程（<u>课程号</u>，课程名，学时数）；
选修（<u>学号</u>，<u>课程号</u>，成绩）。

（5）三个或三个以上实体间的一个多元联系，可以转换为一个关系模式。与该多元联系相连的各实体的码以及联系本身的属性均转换为关系的属性，而关系的码由与联系相连的各个实体的码组合而成。

图 1-20 m:n 联系 E-R 图

【例 1-4】将图 1-21 所示的含有多实体间 m:n 联系的 E-R 图转换为关系模式。

图 1-21 多实体间 m:n 联系 E-R 图

供应商（<u>供应商号</u>，供应商名，地址）；
零件（<u>零件号</u>，零件名，单价）；
产品（<u>产品号</u>，产品名，型号）；
供应（<u>供应商号</u>，<u>零件号</u>，<u>产品号</u>，数量）。
（6）具有相同码的关系模式可以合并。

经过以上步骤后已经将 E-R 图按规则转换成关系模式，但逻辑结构设计的结果并不是唯一的。为了进一步提高数据库应用系统的性能，还应该根据客观需要对结果进行规范化处理，消除异常，改善完整性、一致性，提高存储效率。除此之外，还要从功能及性能上评价数据库模式是否能满足用户的要求，可以采用增加、合并、分解关系的方法优化数据模型的结构，最后得到规范化的关系模式，形成逻辑结构设计说明书。

1.7.5 数据库物理设计

数据库在物理设备上的存储结构与存取方法称为数据库的物理结构，它与给定的计算机系统相关。数据库的物理设计，就是为一个给定的逻辑数据模型选取一个最适合应用要求的物理结构的过程。此阶段是以逻辑结构设计阶段的结果为依据，结合具体的数据库管理系统特点与存储设备特性进行设计，确定数据库在物理设备上的存储结构和存取方法。该阶段分以下两步来进行。

（1）首先确定数据库的物理结构，在关系数据库中主要指的是存储结构与存取方法。

（2）从时间效率和空间效率两个方面来对数据库的物理结构进行评价。

如果评价结果满足原设计要求，就能进入到数据库实施阶段，否则就要修改，甚至重新设计物理结构，如果还不能满足要求甚至要回到逻辑结构设计阶段修改数据模型。

1.7.6　数据库实施

在数据库实施阶段，设计人员运用关系数据库管理系统提供的数据语言及其宿主语言，根据逻辑结构设计和物理设计的结果建立数据库，编制和调试应用程序，组织数据入库，并进行试运行。

1.7.7　数据库运行和维护

数据库应用系统经过试运行后，即可投入正式运行，在数据库系统运行过程中必须不断对其进行评价、调整和修改。在该阶段，对数据库经常性的维护工作是由 DBA 完成的，主要包括以下几点。

（1）数据库的转储和恢复，它是系统正式运行后最重要的维护工作之一。DBA 要针对不同的应用要求制定不同的转储计划，以保证突发故障时能尽快将数据库恢复到某种一致的状态，并将对数据库的破坏降到最低。

（2）数据库的安全性、完整性控制。数据库在运行过程中，安全性要求也会发生变化，此时 DBA 要根据实际情况修改原有的安全性控制。同样，数据库的完整性约束条件也会发生变化，也需要 DBA 及时修改，以满足用户要求。

（3）数据库性能的监督、分析和改造。运行过程中，监督系统运行，对监测数据进行分析，找出改进系统性能的方法是 DBA 的又一重要任务。DBA 对这些数据要认真分析，判断当前系统运行状况是否需要改进以达到最佳状态。

（4）数据库的重组织和重构造。数据库运行一段时间后，由于不断的增、删、改操作，会导致数据库的物理存储情况变坏，数据的存取效率降低，数据库的性能下降，这时 DBA 就需要对数据库进行部分重组织（只针对频繁改动的表进行）。重组织，就是按原设计要求重新安排存储位置、回收垃圾、减少指针链等，使系统性能得以提高。数据库的重组织并不修改原设计的逻辑和物理结构，但数据库的重构造需要部分修改数据库的模式和内模式。

数据库应用系统的设计过程就是以上步骤的不断反复过程。

1.7.8　数据库设计案例

本小节以学生选课管理系统的数据库设计为例。设计时做了一定的简化，忽略了一些异常情况的考虑，旨在重点阐述数据库设计步骤。

1. 基本需求分析

某学校需要开发一套学生选课管理系统。为了收集数据库需要的信息，设计人员与系统使用人员通过交谈、填写调查表等方式进行了系统的需求调研，得出系统要实现的功能有：学生可以通过该系统查看所有选修课程的相关信息，包括课程名、学时、学分，然后选择选修的课程（一个学生可以选修多门课程，一门课程可以由多个学生选修）；学生可以通过该系统查看相关授课老师的信息，包括教师姓名、性别、学历、职称；老师可以通过该系统查看选修自己课程的学生的信息，包括学号、姓名、性别、出生日期、班级（假定本校一个教师可以教授多门课程，一门课程只能由一个教师任教）；在考试结束后，老师可以通过该系统录入学生的考试成绩，学生可以通过该系统查看自己的考试成绩。

2. 概念结构设计

（1）通过分析，得到该系统中的实体以及实体的属性，如图 1-22 所示。

图 1-22 各实体的属性

（2）根据实体间的联系画出局部 E-R 图，如图 1-23 所示。

图 1-23 各局部 E-R 图

（3）将各局部 E-R 图进行合并，消除冗余后，形成基本 E-R 图，如图 1-24 所示。

图 1-24 基本 E-R 图

3. 逻辑结构设计

由基本 E-R 图按规则转换、进行规范化处理并优化后的关系模式是：

学生（学号，姓名，性别，出生日期，班级）
教师（工号，姓名，性别，学历，职称）
课程（课程号，课程名，学时，学分，授课教师工号）
选课（学号，课程号，成绩）

4. 数据库物理设计

学生、教师、课程、选课表对应的表结构如表 1-6 至表 1-9 所示。

表 1-6 学生表（studentInfo）结构

序号	列名	数据类型	允许 NULL 值	约束	备注
1	sno	char(8)	不能为空	主键	学号
2	sname	varchar(10)	不能为空		姓名
3	sgender	char(1)			性别
4	sbirth	date			出生日期
5	sclass	varchar(20)			班级

表 1-7 教师表（teacher）结构

序号	列名	数据类型	允许 NULL 值	约束	备注
1	tno	char(4)	不能为空	主键	工号
2	tname	varchar(10)	不能为空		姓名
3	tgender	char(1)			性别
4	tedu	varchar(10)			学历
5	tpro	varchar(6)		默认为"讲师"	职称

表 1-8 课程表（course）结构

序号	列名	数据类型	允许 NULL 值	约束	备注
1	cno	char(4)	不能为空	主键	课程号
2	cname	varchar(40)		唯一约束	课程名
3	cperiod	int			学时
4	credit	decimal(3,1)			学分
5	ctno	char(4)		是教师表的外键	授课教师

表 1-9 选课表（selective）结构

序号	列名	数据类型	允许 NULL 值	约束	备注
1	sno	char(8)		主键（学号，课程号），其中学号是学生表的外键，课程号是课程表的外键	学号
2	cno	char(4)			课程号
3	score	int			成绩

在数据库系统中建立对应的表，填充一定的测试数据后就可以试运行应用程序，如无问题即可正式投入使用，后期只需做好更新和维护工作。

本章小结

- 数据库基本概念：信息、数据、数据库、数据库管理系统、数据库系统。
- 常见的数据库：Oracle、SQL Server、MySQL、DB2、Access、SQLite。
- 数据库管理技术的发展：人工管理阶段、文件系统阶段和数据库系统阶段。
- 概念模型及 E-R 图表示法。
- 常见的数据模型：层次模型、网状模型、关系模型和面向对象模型。
- 关系数据库的规范化：1NF、2NF、3NF。
- 数据库设计步骤：需求分析、概念结构设计、逻辑结构设计、数据库物理设计、数据库实施、数据库运行和维护。

实训项目

项目："网上书店"数据库

"网上书店"数据库包含 4 张表，表结构如下：

会员表结构

会员编号	会员昵称	E-mail	联系电话	积分

图书表结构

图书编号	图书名称	作者	价格	出版社	折扣	图书类别

图书类别表结构

类别编号	类别名称

订购表结构

图书编号	会员编号	订购量	订购日期	发货日期

针对该数据库系统执行如下操作：

（1）根据各表结构，写出对应的关系模式。

（2）判断（1）中得到的各个关系模式分别属于 1NF、2NF、3NF 中的哪一个？

（3）根据（1）中得出的关系模式，画出其对应的 E-R 图。

（4）写出该数据库系统详细的需求分析。

课后习题

一．问答题

1. 关系数据库管理系统有哪些？
2. 举例说明什么是一对多的关系、多对多的关系。
3. 什么是 E-R 图？简述 E-R 图的绘制步骤。
4. 常见的数据模型有哪些？各有什么优缺点？
5. 数据库设计的过程包括哪些阶段，各阶段的主要任务是什么？
6. 如何避免数据冗余？什么是 1NF、2NF、3NF？

二．名词解释

1. 数据库
2. 数据库管理系统
3. 数据库系统
4. 实体
5. 实体型
6. 实体集
7. 联系
8. 属性
9. 域
10. 码
11. 关系模式

Chapter

第 2 章

MySQL 基础

本章目标:

- 了解 MySQL 的发展史和特点
- 掌握在 Windows 平台和 Linux 平台安装配置 MySQL
- 掌握 MySQL 的启动、登录以及修改配置的方法

2.1 MySQL 概述

1. MySQL 发展史

作为最受欢迎的开源关系数据库管理系统，MySQL 最早来自于 MySQL AB 公司的 ISAM 与 mSQL 项目（主要用于数据仓库场景），1996 年 MySQL 1.0 诞生，当时只支持 SQL 特性，还没有事务支持。

MySQL 3.11.1 是第一个对外提供服务的版本，MySQL 主从复制功能也是从这个时候加入的。

2000 年前后，设计人员尝试将 InnoDB 引擎加入到 MySQL 中。

2003 年 12 月，MySQL 5.0 提供了视图、存储过程等功能。

2008 年 1 月，MySQL AB 公司被 Sun 公司收购，MySQL 进入 Sun 时代。Sun 公司对其进行了大量的推广、优化和 Bug 修复等工作。

2008 年 11 月，MySQL 5.1 发布，它提供了分区、事件管理功能，以及基于行的复制和基于磁盘的 NDB 集群系统，同时修复了大量的 Bug。

2009 年 4 月，甲骨文公司收购 Sun 公司，自此 MySQL 进入 Oracle 时代，而其第三方存储引擎 InnoDB 早在 2005 年就被甲骨文公司收购。

2010 年 12 月，MySQL 5.5 发布，主要新特性包括半同步的复制以及对 SIGNAL/RESIGNAL 的异常处理功能的支持，最重要的是 InnoDB 存储引擎变为 MySQL 的默认存储引擎。MySQL 5.5 不是一次简单的版本更新，而是加强了 MySQL 企业级各个方面应用的特性。甲骨文公司同时也承诺 MySQL 5.5 和未来版本仍是采用 GPL 授权的开源产品。这个版本也是目前使用最广泛的 MySQL 版本，已知的 MySQL 第三方发行版基本上都以这一版本为基础扩展独立分支。由于 MySQL 5.5 的广泛使用，目前甲骨文公司仍然对这个版本提供维护。

2011 年 4 月，MySQL 5.6 发布，作为被甲骨文公司收购后，第一个正式发布并做了大量变更的版本（5.5 版本主要是对社区开发功能的集成），其对复制模式、优化器等做了大量的变更，主从 GTID 复制模式大大降低了 MySQL 高可用操作的复杂性。由于对源代码进行了大量的调整，直到 2013 年，MySQL 5.6GA 才正式发布。

2013 年 4 月，MySQL 5.6GA 发布，变更了新特性，并作为独立的 5.7 分支被进一步开发，在并行控制、并行复制等方面进行了大量的优化调整。MySQL 5.7GA 于 2015 年 10 月发布，这个版本是目前最稳定的版本分支。

2016 年 9 月，甲骨文公司决定跳过 MySQL 5.x 命名系列，并抛弃之前的 MySQL 6、7 两个分支直接进入 MySQL 8 时代，正式启动 MySQL 8.0 的开发。

MySQL 从无到有，技术不断更新，版本不断升级，经历了一个漫长的过程，目前最高版本是 MySQL 8.0。时至今日，MySQL 和 PHP（Hypertext Preprocessor,超文本预处理器）完美结合，被应用到很多大型网站的开发上。

2. MySQL 特点

（1）快速、健壮和易用

MySQL 提供了优化的查询算法，可有效地提高查询速度，处理拥有上千万条记录的大型数据库。它提供 C、C++、Java(JDBC)、Perl、Python、PHP 和 TCL 的 API 接口；提供多平台支持，包括 Solaris、SunOS、BSDI、SGI IRIX、AIX、DEC UNIX、Linux、FreeBSD、SCO OpenServer、NetBSD、OpenBSD、HPUX、Win9x 和 NT 等。MySQL 支持多种语言、多样的数据类型，同时还提供了安全权限系统以及密码加密机制。MySQL 为 Windows 提供开放数据库互连（Open Database Connectivity，ODBC）接口，可通过关系数据库管理系统 Access 与之相联，第三方开发商也提供了多样的 ODBC 驱动程序。从 MySQL 3.23 开始，新增了 MyISAM 存储引擎，表大小可达 8GB(字节 2^{63} 个)。

（2）MySQL 自身不支持 Windows 的图形界面

由于 MySQL 自身不支持 Windows 的图形界面，所有的数据库操作及管理功能都只能在 MS-DOS 方式下完成。随着 MySQL 的知名度日益增加，许多第三方软件公司推出了 MySQL 适用于 Windows 环境的具有图形界面的支持软件，如 EMS MySQL MANAGER、Navicat for MySQL、MySQL Workbentch 等，它们都提供了 Windows 形式的 MySQL 数据库操作功能。

2.2 MySQL 的安装与配置

MySQL 的安装包可以从 MySQL 的官方网站上免费下载。在安装 MySQL 之前，请确保系统中安装了 Microsoft .NET Framework 4.0。MySQL 支持多个平台，在不同平台下的安装和配置的过程也大不一样。本书重点讲解如何在 Windows 平台下和 Linux 平台下安装和配置 MySQL 5.6。

2.2.1 Windows 平台下 MySQL 的安装

在 Windows 平台上可以安装的 MySQL 有两个版本：一种是扩展名为 zip 的压缩文件，另一种是扩展名为 msi 的二进制分发版。其中，扩展名为 msi 的安装文件提供了图形化的安装向导，按照向导提示进行操作即可完成安装；扩展名为 zip 的压缩文件直接解压就可以完成 MySQL 的安装。下面以 mysql-5.6.5-m8-win32.msi 安装包为例，介绍 MySQL 在 Windows 平台下的安装步骤。

Step1：双击安装文件进行安装，此时会弹出 MySQL 安装向导界面，如图 2-1 所示。

图 2-1 欢迎界面

Step2：单击图 2-1 中的 Next 按钮，出现最终用户许可协议界面，如图 2-2 所示。

图 2-2　最终用户许可协议界面

Step3：选中图 2-2 中的 "I accept the terms in the License Agreement" 复选框，单击 Next 按钮，进入选择安装类型界面，如图 2-3 所示。

图 2-3　选择安装类型界面

在图 2-3 所示的界面中，列出了三种安装类型。
① Typical（典型安装）：只安装 MySQL 服务器、MySQL 命令行客户端和命令行使用程序。
② Custom（自定义安装）：用户选择要安装的组件和安装路径。
③ Complete（完整安装）：安装软件包内的所有组件。

Step4：为了熟悉安装过程，我们选择自定义安装。单击 Next 按钮进入自定义安装界面，如图 2-4 所示。

图 2-4　自定义安装界面

MySQL 的默认安装目录为："C:\Program Files\MySQL\MySQL Server 5.6"，可以单击右侧的 Browse 按钮来修改安装目录。这里我们使用默认的安装目录。

默认情况下，系统选择安装全部组件。如果想更改某个组件的安装方式，单击图 2-4 中对应的组件图标进入图 2-5 所示更改组件安装界面，出现下面 4 个选项，从中选择新的选项。

图 2-5　更改组件安装界面

① Will be installed on local hard drive，表示将安装这个附加组件到本地硬盘。

② Entire feature will be installed on local hard drive，表示将安装这个组件特性以及子组件到本地硬盘。

③ Feature will be installed when required，表示在需要的时候才安装这个附加组件。

④ Entire feature will be unavailable，表示不安装这个组件。

Step5：直接单击图 2-4 的 Next 按钮，进入准备安装界面，如图 2-6 所示。

图 2-6　准备安装界面

Step6：单击图 2-6 的 Install 按钮，开始安装 MySQL。此时可以看到安装的进度，当 MySQL 安装完成后会显示 MySQL 简介，如图 2-7 所示。

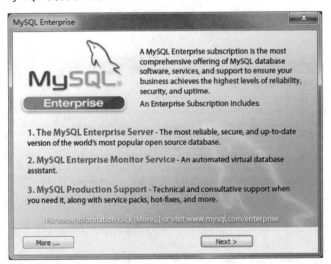

图 2-7　MySQL 介绍 1

Step7：在图 2-7 中，如果单击左下角的 More 按钮，就会在浏览器中打开一个介绍 MySQL 相关知识的页面。单击 Next 按钮，就会进入下一个介绍页面，如图 2-8 所示。

Step8：单击图 2-8 的 Next 按钮，会显示 MySQL 安装完成界面，如图 2-9 所示。

完成以上步骤，便成功安装了 MySQL。需要注意的是，图 2-9 中的"Launch the MySQL Instance Configuration Wizard"复选框用于开启 MySQL 配置向导，如果选中此复选框，然后单击 Finish 按钮，就会进入 MySQL 配置向导界面。

图 2-8　MySQL 介绍 2

图 2-9　MySQL 安装完成界面

2.2.2　Windows 平台下 MySQL 的配置

MySQL 安装完成后，还需要进行配置。MySQL 的配置过程如下。

Step1：在 MySQL 安装目录下的 bin 文件夹下双击 "MySQLInstanceConfig.exe" 文件可以启动配置向导，或选中图 2-9 中的 "Launch the MySQL Instance configuration Wizard" 复选框，单击 Finish 按钮来启动配置向导，如图 2-10 所示。

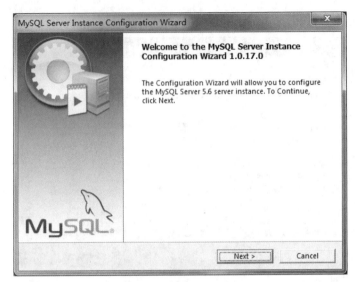

图 2-10　配置向导界面

Step2：单击图 2-10 中的 Next 按钮，进入选择配置类型界面，如图 2-11 所示。

图 2-11　选择配置类型界面

在图 2-11 所示的界面中，有两种配置类型可以选择。

① Detailed Configuration（详细配置）：适合想要详细配置服务器的高级用户。

② Standard Configuration（标准配置）：适合想要快速启动 MySQL 而不必考虑服务器配置的用户。

为了更好地学习 MySQL 配置过程，此处选择"Detailed Configuration"选项。

Step3：单击 Next 按钮，进入服务器类型选择界面，此处可以选择三种服务器类型，选择哪种服务器类型将直接影响 MySQL Configuration Wizard 对内存、硬盘使用的决策，如图 2-12 所示。

图 2-12 服务器类型选择界面

在图 2-12 中，有三种服务器类型选项。

① Developer Machine（开发者类型）：该类型占用的内存资源最少，主要适用于软件开发者。是默认选项，建议一般用户选择该项。

② Server Machine（服务器类型）：该类型占用的内存资源稍多一些，用作服务器的计算机可以选择该项。

③ Dedicated MySQL Server Machine（专用 MySQL 服务器类型）：该类型将占用所有的可用资源，消耗内存最大，专门用作服务器的计算机可以选择该项。

Step4：由于我们将要使用 MySQL 进行软件开发工作，因此选择"Developer Machine"选项。单击图 2-12 中的 Next 按钮，进入数据库类型选择界面，如图 2-13 所示。

图 2-13 数据库类型选择界面

在图 2-13 中，有三个数据库类型选项。

① Multifunctional Database（多功能数据库）：服务器同时使用 InnoDB 和 MyISAM 存储引擎，并在两个引擎之间平均分配资源。建议经常使用两个存储引擎的用户选择该选项。

② Transactional Database Only（事务处理数据库）：服务器同时使用 InnoDB 和 MyISAM 存储引擎，但将大多数服务器资源指派给 InnoDB 存储引擎。建议主要使用 InnoDB 存储引擎，偶尔使用 MyISAM 存储引擎的用户选择该选项。

③ Non-Transactional Database only（非事务处理数据库）：服务器完全禁用 InnoDB 存储引擎，将所有的服务器资源都指派给 MyISAM 存储引擎。建议不使用 InnoDB 存储引擎的用户选择该项。

这里选择"Multifunctional Database"选项。

Step5：单击图 2-13 中的 Next 按钮，进入 InnoDB 表空间配置界面，如图 2-14 所示。

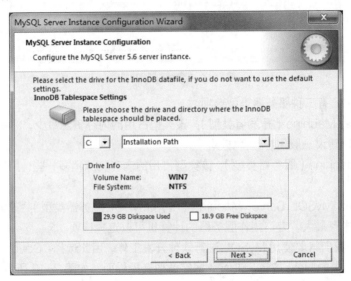

图 2-14　表空间配置界面

在图 2-14 中可以对"InnoDB Tablespace Settings"进行配置，简单地说，就是为 InnoDB 存储引擎数据库文件选择一个存储空间。需要注意的是，如果修改了存储空间，重装数据库的时候要选择相同的位置，否则可能会造成数据库损坏。此处选择默认位置即可。

Step6：单击 Next 按钮，进入服务器最大并发连接数量设置界面，如图 2-15 所示。

界面中三个选项的含义如下。

① Decision Support(DSS)/OLAP（决策支持）：如果服务器不需要大量的并发连接可以选择该选项，支持连接数为 20。

② Online Transaction Processing(OLTP)（联机事务处理）：如果服务器需要大量的并发连接则选择该选项，最大连接数量为 500。

③ Manual Setting（人工设置）：该选项可以设置服务器并发连接的最大数目，默认并发连接数量为 15。

选择"Manual Setting"选项，并使用默认的并发连接数量 15。

Step7：单击图 2-15 中 Next 按钮进入下一步设置界面，如图 2-16 所示。从图 2-16 中可以看出，MySQL 在默认情况下启动 TCP/IP 网络，端口号为 3306。如果不想使用这个端口号，可以通过下拉列表框进行更改，但必须保证想使用的端口号没有被占用。"Add firewall exception for this port"复选框用来在防火墙上注册这个端口号，建议选择该选项。"Enable Strict Mode"复选框用来启动 MySQL 严格模式，选中后 MySQL 就会对输入的数据进行严格的检查，不允许出现语法错误，建议新用户选择该选项。

图 2-15　并发连接数量设置界面

图 2-16　网络设置界面

Step8：单击 Next 按钮，进入 MySQL 字符集编码设置界面，如图 2-17 所示。该界面提供了三个选项，含义如下：

① Standard Character Set（标准字符集）：该选项是一个默认的字符集，支持英文和许多西欧语言，默认为 Latin1；

② Best Support For Multilingualism（支持多种语言）：该选项支持大部分语言的字符集，默认为 utf8；

图 2-17　字符集编码设置界面

③ Manual Selected Default Character Set/Collation（人工选择默认字符集）：该选项用于手动设置字符集，可以通过下拉列表选择字符集编码，其中包含 gbk、gb2312、utf8 等。

我们选择第三项，并将默认字符集设置为 utf8。

Step9：单击图 2-17 中的 Next 按钮进入 Windows 服务设置界面，这一步会将被 MySQL 安装为 Windows 服务，并设置服务的名称，如图 2-18 所示。该界面提供了两个选项。

图 2-18　Windows 服务设置界面

① Install As Windows Service 复选框：将 MySQL 安装为 Windows 服务。

在 Service Name 下拉列表中可以选择服务的名称，也可以自己输入。

Launch the MySQL Server automatically 复选框可以让 MySQL 在 Windows 启动之后也能自动启动。

② Include Bin Directory in Windows PATH 复选框：可以将 MySQL 的 bin 目录添加到环境

变量 PATH 中，这样在命令行窗口中就可以直接使用 bin 目录下的文件。

Step10：单击图 2-18 中的 Next 按钮进入安全设置界面，如图 2-19 所示。

图 2-19　安全设置界面

图 2-19 所示的安全设置界面提供了两个选项。

① Modify Security Settings 复选框：是否修改 root 用户的密码，默认不修改。

New root password 和 Confirm 文本框：用来输入新密码和确认新密码。

Enable root access from remote machines 复选框：是否允许 root 用户在远程服务器上登录，如果考虑方便性，就选择该项；如果考虑安全性，就不选择该项。

② Create An Anonymous Account 复选框：用来创建一个匿名用户，该匿名用户可以连接数据库，但不能操作数据。创建匿名用户会降低服务器的安全性，因此不建议选择该项。

Step11：单击图 2-19 中的 Next 按钮，进入准备执行配置界面，如图 2-20 所示。

图 2-20　准备执行配置界面

Step12：单击图 2-20 中的 Execute 按钮，让 MySQL 配置向导执行一系列的配置任务，配置完成后，会显示配置结果概要信息，如图 2-21 所示。

图 2-21　配置完成界面

单击图 2-21 中的 Finish 按钮就完成了 MySQL 的配置，并退出 MySQL Configuration Wizard。

尽量使用工具软件（如 360 软件管家、金山电脑管家等）卸载 MySQL。在卸载完成后要直接进行垃圾清理，清理注册表。否则下次安装 MySQL 可能会失败，因为 MySQL 在卸载的过程中不能自动删除之前的安装信息。

2.2.3　Linux 平台下 MySQL 的安装

Linux 操作系统有多个版本，如 Ubuntu、CentOS、Red Hat 等，其中 Ubuntu 比较适合个人使用，类似于 Windows 系统；CentOS、Red Hat 都适合用于服务器，并且 CentOS 是基于 Red Hat 编译的，这两个版本都比较稳定，但由于 Red Hat 的技术支持和更新都是收费的，因此本小节以 CentOS 为例讲解如何在 Linux 平台下安装 MySQL。

基于 Linux 平台下的 MySQL 安装文件有三个版本，分别是 RPM 软件包、源码包、Generic Binaries 软件包，具体介绍如下。

（1）RPM 软件包是一个 Linux 平台下的安装文件，通过相关命令可以很方便地安装与卸载。该软件包分服务器端和客户端，需要分别下载和安装。在安装时首先要安装服务器端，然后再安装客户端。

（2）源码包是 MySQL 的源代码包，用户需要自己将其编译生成二进制文件后才能安装。

（3）Generic　Binaries 软件包是一个经过编译生成的二进制软件包。

我们使用 RPM 软件包进行安装。

1. 下载 RPM 安装包

首先到 MySQL 的官方网站下载服务器端和客户端的 RPM 安装包，本教材使用的 RPM 软件包的版本为：

```
MySQL-server-5.6.40-1.el6.i686.rpm
MySQL-client-5.6.40-1.el6.i686.rpm
```

2. 检查是否安装过 MySQL

在安装之前，首先检查当前系统是否已经安装了 MySQL，否则在安装时可能产生冲突。具体的查看命令如下：

```
rpm -qa |grep mysql
```

上述命令中的"rpm"是一个功能强大的包管理命令，它可以建立、安装、请求、确认和卸载安装包。"-qa"命令用于列出被查找的相应文件，它和 " |grep mysql " 组合在一起可用于显示所有名称中包含 mysql 字符串的 rpm 包。

执行完上述命令后，如果出现了 MySQL 的相关信息，例如出现了"mysql-libs-5.1.66-2.e16_3. i686"，说明当前系统已经安装了 MySQL，此时，需要卸载该版本的 MySQL，可以使用以下命令：

```
rpm -e mysql-libs-5.1.66-2.e16_3.i686- -nodeps
```

上述命令中的"-e"表示卸载，"mysql-libs-5.1.66-2.e16_3.i686"表示要卸载的文件，"--nodeps"表示忽略所有的依赖关系，进行强制卸载。

3. MySQL 服务器端和客户端的安装

将 MySQL 的安装包放在 Linux 系统的 Downloads 目录下，然后进入该目录，在该目录下安装 MySQL 服务器端，具体命令如下：

```
rpm -ivh MySQL-server-5.6.40-1.el6.i686.rpm
```

"-ivh"参数中的"i"表示即将安装指定的 RMP 软件包，"v"表示安装时的详细信息，"h"表示在安装期间会出现"#"符号来显示当前的安装过程，MySQL-server-5.6.40-1.el6.i686.rpm 就是安装的 MySQL 软件包。

MySQL 服务器端安装成功后，还需要安装 MySQL 客户端。安装 MySQL 客户端时需要输入如下命令：

```
rpm -ivh MySQL-client-5.6.40-1.el6.i686.rpm
```

上述命令执行成功之后，MySQL 客户端也就完成了安装。

4. 启动 MySQL 服务

输入如下命令，启动 MySQL 服务：

```
service mysql start
```

与 MySQL 服务相关的操作命令：

```
service mysql start|stop|restart|status
```

其中，start 表示启动服务，stop 表示停止服务，restart 表示重启服务，status 表示查看服务器状态。

5. 操作 MySQL

(1)设置 MySQL 登录密码

MySQL 刚安装完成时是没有密码的,为了操作安全需要给 root 用户设置一个登录密码,具体命令如下:

```
mysql_secure_installation
```

输入该命令之后,会出现如下信息:

```
Enter current password for root(enter for none):
```

我们在此输入"xxgc"作为 root 用户的密码。注意,输入的密码在命令窗口中并不显示。

(2)登录 MySQL

具体命令如下:

```
mysql -uroot -pxxgc
```

在上述命令中的"-u"后输入用户名,在"-p"后输入登录密码。

登录成功之后,就可以对 MySQL 进行操作了。

2.3 MySQL 的使用

2.3.1 启动 MySQL 服务

MySQL 已经安装完毕,此时客户端如果要连接数据库,首先需要启动服务进程。在前面配置 MySQL 的过程中,我们已经将 MySQL 安装为 Windows 服务,并设置为当 Windows 服务启动时 MySQL 服务也会随之启动。当然我们也可以手动控制 MySQL 服务的启动和停止,有以下两种方式。

1. Windows 服务管理器

通过 Windows 服务管理器可以查看 MySQL 服务是否开启,首先单击"开始"→"运行"命令,在"运行"对话框中输入"services.msc"命令,单击"确定"按钮,此时就会打开 Windows 服务管理器,如图 2-22 所示。也可以通过控制面板打开 Windows 服务管理器。

图 2-22 Windows 服务管理器

从图 2-22 可以看出，MySQL 服务已经启动。如果没有启动，可以直接双击 MySQL 服务项打开属性对话框，通过单击"启动"按钮来修改服务的状态，如图 2-23 所示。

图 2-23　MySQL 服务属性界面

图 2-23 中的启动类型项可以修改服务的启动方式，有三种类型可供选择，具体如下。
（1）自动：服务会随着 Windows 系统的启动而自动启动。
（2）手动：服务不会随着 Windows 系统一起启动，需要用户来启动。
（3）已禁用：服务将不再启动，即使是在需要它时，也不会被启动。
初学者可以根据实际需求进行选择，建议选择"自动"或者"手动"。

2. DOS 命令

不仅可以通过 Windows 服务管理器来启动 MySQL 服务，还可以通过 DOS 命令来启动 MySQL 服务。通过 DOS 命令启动 MySQL 服务的具体命令格式如下：

```
net start mysql
```

执行上述命令之后，命令行窗口的显示结果如图 2-24 所示。

图 2-24　启动 MySQL 服务

DOS 命令行不仅可以启动 MySQL 服务，还可以停止 MySQL 服务，具体命令格式如下：

```
net stop mysql
```

执行上述命令之后，命令行窗口的显示结果如图 2-25 所示。

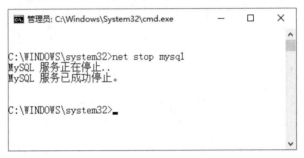

图 2-25　停止 MySQL 服务

DOS 命令行可以快速方便地启动和停止 MySQL 服务，也是本书推荐使用的一种管理 MySQL 服务的方式。

2.3.2　登录 MySQL 数据库服务器

启动 MySQL 服务之后，即可通过客户端登录 MySQL 数据库服务器。在 Windows 操作系统下登录 MySQL 数据库服务器的方式有两种。

1. 使用 DOS 命令

登录 MySQL 数据库服务器可以通过 DOS 命令来完成，具体命令格式如下：

```
mysql -h hostname -u username -p
```

在上述命令中，mysql 是登录命令，"-h" 后面的参数是服务器的主机地址。由于本书中 MySQL 客户端和服务器端装在同一台机器上，因此输入 localhost 或者 127.0.0.1 都可以。如果是本地登录则可以省略该参数。"-u" 后面的参数是用来登录 MySQL 数据库服务器的用户名，这里为 root，"-p" 后面是用户名对应的密码，具体命令如下：

```
mysql -h localhost -u root -p
```

此时，系统会提示输入密码，输入配置好的密码，验证成功后即可登录到 MySQL 数据库服务器，登录成功后的界面如图 2-26 所示。

图 2-26　带主机名方式登录 MySQL 数据库服务器

由于是本地登录，所以此处可以省略主机名，同时在"-p"参数后面可以添加密码，具体命令如下：

```
mysql -u root -pxxgc
```

重新开启一个命令行窗口，使用上述语句登录 MySQL 数据库服务器，如图 2-27 所示。

图 2-27　不带主机名方式登录 MySQL 数据库服务器

2. 使用 MySQL Command Line Client

使用 DOS 命令登录 MySQL 数据库服务器相对比较麻烦，而且命令中的参数不易记忆，可以使用一种简单的方式登录 MySQL 数据库服务器：在"开始"菜单中选择"程序"→"MySQL"→"MySQL Server 5.6"→"MySQL 5.6 Command Line Client"，打开 MySQL 命令行窗口输入密码，便可以登录到 MySQL 数据库服务器了，如图 2-28 所示。

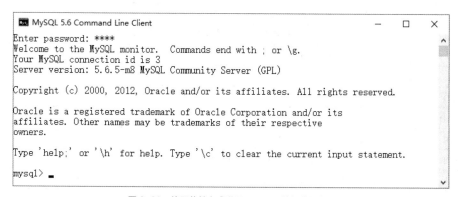

图 2-28　使用菜单方式登录 MySQL 数据库服务器

2.3.3　MySQL 的相关命令

在学习 MySQL 的过程中难免会遇到一些问题，这时可以使用 MySQL 的帮助功能。首先登录到 MySQL 数据库服务器，然后在命令行窗口中输入"help;"或者"\h"命令，此时就会显示 MySQL 的帮助信息，如图 2-29 所示。

```
MySQL 5.6 Command Line Client
List of all MySQL commands:
Note that all text commands must be first on line and end with ';'
?         (\?) Synonym for `help'.
clear     (\c) Clear the current input statement.
connect   (\r) Reconnect to the server. Optional arguments are db and host.
delimiter (\d) Set statement delimiter.
ego       (\G) Send command to mysql server, display result vertically.
exit      (\q) Exit mysql. Same as quit.
go        (\g) Send command to mysql server.
help      (\h) Display this help.
notee     (\t) Don't write into outfile.
print     (\p) Print current command.
prompt    (\R) Change your mysql prompt.
quit      (\q) Quit mysql.
rehash    (\#) Rebuild completion hash.
source    (\.) Execute an SQL script file. Takes a file name as an argument.
status    (\s) Get status information from the server.
tee       (\T) Set outfile [to_outfile]. Append everything into given outfile.
use       (\u) Use another database. Takes database name as argument.
charset   (\C) Switch to another charset. Might be needed for processing binlog with multi-byte charsets.
warnings  (\W) Show warnings after every statement.
nowarning (\w) Don't show warnings after every statement.

For server side help, type 'help contents'

mysql>
```

图 2-29 MySQL 相关命令

图 2-29 列出了 MySQL 的所有命令，这些命令既可以使用一个单词来表示，也可以通过简写的"\字母"方式来表示。为了让初学者更好地掌握 MySQL 相关命令，本书列举了 MySQL 中的一些常用命令，如表 2-1 所示。

表 2-1 MySQL 相关命令

命令	简写	具体含义
?	(\?)	显示帮助信息
clear	(\c)	取消之前的输入，重新开始输入
connect	(\r)	连接服务器，可选参数为数据库和主机
delimiter	(\d)	设置语句分隔符
ego	(\G)	发送命令到 MySQL 服务器，并显示结果
exit	(\q)	退出 MySQL
go	(\g)	发送命令到 MySQL 服务器
help	(\h)	显示帮助信息
notee	(\t)	不写入输出文件
print	(\p)	打印当前命令
prompt	(\R)	改变 MySQL 提示信息
quit	(\q)	退出 MySQL
rehash	(\#)	重建完成散列
source	(\.)	执行一个 SQL 脚本文件，以一个文件名作为参数
status	(\s)	从服务器获取 MySQL 的状态信息
tee	(\T)	设置输出文件，并将信息添加到所有给定的输出文件
use	(\u)	切换数据库，数据库名称作为参数
charset	(\C)	切换到另一个字符集
warnings	(\W)	每一个语句之后显示警告
nowarming	(\w)	每一个语句之后不显示警告

表 2-1 中的命令用于帮助我们操作 MySQL，为了让初学者更好地使用这些命令，接下来以"\u""\s"命令的使用为例进行演示。

【例 2-1】使用"\u"命令切换数据库，结果如图 2-30 所示。

图 2-30 "\u"命令执行结果

【例 2-2】使用"\s"命令获取 MySQL 的状态信息，结果如图 2-31 所示。

图 2-31 "\s"命令执行结果

2.3.4 重新配置 MySQL

在 MySQL 配置向导界面可以对 MySQL 进行相应的配置，但在实际应用中有些配置可能满足不了用户的需求，需要对其进行修改。修改 MySQL 的配置有两种方法。下面通过演示如何修改客户端的字符集编码来介绍这两种方法。

1. DOS 命令方式

首先登录到 MySQL 数据库，在窗口中输入修改 MySQL 配置命令。下面是修改 MySQL 客户端字符编码命令。

```
set character_set_client =gbk;
```

执行完上述命令后，命令行窗口显示的结果如图 2-32 所示。

图 2-32 DOS 命令修改字符集执行结果

Query OK 说明命令执行成功，此时可以使用"\s"命令进行查看，如图 2-33 所示。

图 2-33　DOS 命令修改字符集执行结果

从图 2-33 中可以看出，MySQL 客户端的字符编码已经被修改为 gbk。注意，这种 DOS 命令的修改只对当前窗口有效，如果用户新开启一个命令行窗口，my.ini 配置文件就会被重新读取，因此这种方式只适合需要暂时改变编码的情况。

2. 修改 my.ini 文件

如果想永久更改编码方式，就需要修改 my.ini 配置文件，该文件的路径为：C:\Program Files\MySQL\MySQL Server 5.6\my.ini。用记事本打开 my.ini 文件，文件内容如图 2-34 所示。

图 2-34　my.ini 文件

从图 2-34 中可以看到，MySQL 客户端编码方式是"default-character-set = utf8"，如果想修改为 gbk 编码，只需将语句改为"default-character-set = gbk"即可。这样修改之后，即使重新打开一个命令行窗口，编码方式还是 gbk，如图 2-35 所示。

图 2-35 修改 my.ini 文件

本章小结

- MySQL 的特点和发展历程。
- MySQL 在 Windows 环境和 Linux 环境下的安装过程。
- MySQL 的配置。
- MySQL 的启动和登录。
- MySQL 的相关命令。

实训项目

项目：MySQL 环境

目的：
（1）熟悉 MySQL 的安装与配置，学会在 Windows 平台上安装 MySQL。
（2）掌握 MySQL 的启动、登录以及配置。
（3）对数据库有一个初步的了解。
内容：
（1）安装 MySQL。
（2）配置 MySQL。
（3）采用 Windows 资源管理器和 DOS 命令方式启动 MySQL 服务。
（4）采用 DOS 命令和 MySQL Command Line Client 方式登录 MySQL 数据库服务器。
（5）利用 DOS 命令和修改 my.ini 配置文件的方式修改客户端字符编码集。

课后习题

1. 简述修改 MySQL 配置的几种方式。
2. 简述 MySQL 的特点。

第 3 章

数据库和数据表的基本操作

本章目标：

- 掌握数据库的创建、查看、修改和删除等操作
- 掌握数据表的创建、查看、修改和删除等操作
- 了解 MySQL 的数据类型，掌握基本数据类型的使用
- 掌握表的约束，以及给表添加约束的命令

数据库是数据库管理系统的基础与核心，是存放数据库对象的容器，数据库文件是数据库的存在形式。数据库管理就是设计数据库、定义数据库，以及修改和维护数据库的过程，数据库的效率和性能在很大程度上取决于数据库的设计和优化。本章将详细地讲解数据库和数据表的基本操作。

3.1 数据库的基本操作

3.1.1 创建数据库

MySQL 安装完成后，要存储数据，首先要创建一个数据库。创建数据库就是在数据库系统中划分一块存储数据的空间，方便数据的分配、放置和管理。在 MySQL 中，使用 CREATE DATABASE 命令创建数据库，语法格式如下：

```
CREATE DATABASE 数据库名称;
```

其中，"数据库名称"是创建的数据库的名字，在同一个数据库服务器上必须是唯一的，不允许重复。

【例 3-1】创建名为 xxgc 的数据库。

SQL 语句如下：

```
CREATE DATABASE xxgc;
```

执行结果如图 3-1 所示。

```
mysql> CREATE DATABASE xxgc;
Query OK, 1 row affected (0.00 sec)

mysql>
```

图 3-1 使用 CREATE DATABASE 语句创建数据库

SQL 语句执行后显示"Query OK"，说明语句执行成功，数据库已经创建了。

3.1.2 查看数据库

在 MySQL 中，查看数据库的语法格式如下：

```
SHOW DATABASES;
```

使用该命令可以查询在 MySQL 中已经存在的所有数据库。

【例 3-2】查看已经存在的数据库。

SQL 语句如下：

```
SHOW DATABASES;
```

执行结果如图 3-2 所示。

```
mysql> SHOW DATABASES;
+--------------------+
| Database           |
+--------------------+
| information_schema |
| mysql              |
| performance_schema |
| test               |
| xxgc               |
+--------------------+
5 rows in set (0.00 sec)
```

图 3-2 使用 SHOW DATABASES 语句查看数据库

从图 3-2 中可以看出，目前在 MySQL 服务器上，存在着五个数据库，其中，除了例 3-1 创建的 xxgc 数据库之外，还有 information_schema、mysql、performance_schema、test 这四个数据库，这四个数据库都是在 MySQL 安装完成后由系统自动创建的。

（1）information_schema 是信息数据库，存储着 MySQL 数据库服务器所维护的所有其他数据库的信息。在 information_schema 数据库中，有几个只读表。它们实际上是视图，而不是基本表，因此，用户无法看到与之相关的任何文件。

（2）mysql 是 MySQL 的核心数据库，类似于 SQL Server 中的 master 表，主要负责存储数据库的用户、权限设置、关键字等控制和管理信息。mysql 数据库中的数据不可以删除，否则，MySQL 将不能正常运行。如果对 mysql 数据库不是很了解，不要轻易修改这个数据库里的信息。

（3）performance_schema 数据库主要用于收集数据库服务器性能参数。该数据库中所有表的存储引擎均为 performance_schema，而用户是不能创建存储引擎为 performance_schema 的表的。

（4）test 是安装时创建的一个测试数据库，是一个空数据库，其中没有任何表，可以删除。

要想查看某个已经创建的数据库信息，可以通过 SHOW CREATE DATABASE 语句实现，具体语法格式如下：

```
SHOW CREATE DATABASE 数据库名称；
```

【例 3-3】查看创建好的数据库 xxgc 的信息。

SQL 语句如下：

```
SHOW CREATE DATABASE xxgc;
```

执行结果如图 3-3 所示。

```
mysql> SHOW CREATE DATABASE xxgc;
+----------+-------------------------------------------------------------------+
| Database | Create Database                                                   |
+----------+-------------------------------------------------------------------+
| xxgc     | CREATE DATABASE `xxgc` /*!40100 DEFAULT CHARACTER SET utf8 */      |
+----------+-------------------------------------------------------------------+
1 row in set (0.00 sec)
```

图 3-3 使用 SHOW CREATE DATABASE 语句查看数据库

图 3-3 显示了数据库 xxgc 的创建信息及其编码方式。

3.1.3 修改数据库

数据库创建之后，数据库编码方式就确定了。修改数据库的编码方式，可以使用 ALTER DATABASE 语句，具体语法格式如下：

```
ALTER DATABASE 数据库名称 DEFAULT CHARACTER SET 编码方式 COLLATE 编码方式_bin；
```

其中"数据库名称"是要修改的数据库的名字，"编码方式"是修改后的数据库编码方式。

【例 3-4】将数据库 xxgc 的编码方式修改为 gbk。

SQL 语句如下：

```
ALTER DATABASE xxgc DEFAULT CHARACTER SET gbk COLLATE gbk_bin;
```

为了验证数据库的编码方式是否修改成功，可以使用 SHOW CREATE DATABASE 语句查看修改后的数据库，执行结果如图 3-4 所示。

```
mysql> SHOW CREATE DATABASE xxgc;
+----------+------------------------------------------------------------------------+
| Database | Create Database                                                        |
+----------+------------------------------------------------------------------------+
| xxgc     | CREATE DATABASE `xxgc` /*!40100 DEFAULT CHARACTER SET gbk COLLATE gbk_bin */ |
+----------+------------------------------------------------------------------------+
1 row in set (0.00 sec)
```

图 3-4　使用 SHOW CREATE DATABASE 语句查看 ALTER 语句执行结果

从图 3-4 所示的执行结果可以看出，数据库 xxgc 的编码方式为 gbk，说明修改成功。

3.1.4　删除数据库

删除数据库可以使用 DROP DATABASE 命令，具体语法格式如下：

```
DROP DATABASE 数据库名称;
```

其中"数据库名称"是要删除的数据库的名字。需要注意的是，如果要删除的数据库不存在，则会出现错误。

【例 3-5】删除名为 xxgc 的数据库。

SQL 语句如下：

```
DROP DATABASE xxgc;
```

为了验证数据库是否删除成功，可以使用 SHOW DATABASES 语句查看当前 MySQL 数据库服务器上的所有数据库，执行结果如图 3-5 所示。

```
mysql> SHOW DATABASES;
+--------------------+
| Database           |
+--------------------+
| information_schema |
| mysql              |
| performance_schema |
| test               |
+--------------------+
4 rows in set (0.00 sec)
```

图 3-5　使用 SHOW DATABASES 语句查看 DROP DATABASE 语句执行结果

从图 3-5 可以看出，当前 MySQL 数据库服务器中已经不存在 xxgc 数据库了。

3.2　数据类型

为字段选择合适的数据类型对数据库的优化非常重要。MySQL 支持多种数据类型，大致可以分为四类：数值类型、日期和时间类型、字符串（字符）类型和二进制类型。

1. 数值类型

MySQL 支持所有标准 SQL 数值类型，包括精确数值类型（INTEGER、SMALLINT 和 DECIMAL）和近似数值类型（FLOAT、REAL 和 DOUBLE PRECISION）。关键字 INT 是 INTEGER 的简写，关键字 DEC 是 DECIMAL 的简写。

作为 SQL 标准的扩展，MySQL 也支持整数类型 TINYINT、MEDIUMINT 和 BIGINT。表 3-1

列出了 MySQL 每种数值类型占用的字节数、范围以及用途。

表 3-1 数值类型

类型	字节数	范围（有符号）	范围（无符号）	用途
TINYINT	1	(-128, 127)	(0, 255)	小整数值
SMALLINT	2	(-32 768, 32 767)	(0, 65 535)	大整数值
MEDIUMINT	3	(-8 388 608, 8 388 607)	(0, 16 777 215)	大整数值
INT 或 INTEGER	4	(-2 147 483 648, 2 147 483 647)	(0, 4 294 967 295)	大整数值
BIGINT	8	(-9 233 372 036 854 775 808, 9 223 372 036 854 775 807)	(0, 18 446 744 073 709 551 615)	极大整数值
FLOAT	4	(-3.402 823 466 E+38, 1.175 494 351 E-38)	(1.175 494 351 E-38, 3.402 823 466 E+38)	单精度浮点数值
DOUBLE	8	(-1.797 693 134 862 315 7 E+308, 2.225 073 858 507 201 4 E-308)	(2.225 073 858 507 201 4 E-308, 1.797 693 134 862 315 7 E+308)	双精度浮点数值
DECIMAL(M,D)	M+2	(-1.797 693 134 862 315 7 E+308, 2.225 073 858 507 201 4 E-308)	(2.225 073 858 507 201 4 E-308, 1.797 693 134 862 315 7 E+308)	小数值

从表 3-1 可以看出，不同数值类型所占用的字节数和取值范围都是不同的。其中定点数类型 DECIMAL 的有效取值范围由 M 和 D 决定，M 表示整个数据的位数，不包括小数点；D 表示小数点后数据的位数。比如，将数据类型为 DECIMAL(5,3)的数据 3.1415 插入数据库，显示的结果为 3.142。

2. 日期和时间类型

表示日期和时间值的日期和时间类型有 DATETIME、DATE、TIMESTAMP、TIME 和 YEAR。每个时间类型有一个有效值范围和一个"零"值，当输入不合法的值时，MySQL 使用"零"值插入。TIMESTAMP 类型具备专有的自动更新特性。表 3-2 列举了 MySQL 中日期和时间类型所对应的字节数、取值范围、格式以及零值。

表 3-2 日期和时间类型

类型	字节数	范围	格式	零值
DATE	4	(1000-01-01,9999-12-31)	YYYY-MM-DD	0000-00-00
TIME	3	(-838:59:59,838:59:59)	HH:MM:SS	00:00:00
YEAR	1	(1901,2155)	YYYY	0000
DATETIME	8	(1000-01-01 00:00:00, 9999-12-31 23:59:59)	YYYY-MM-DD HH:MM:SS	0000-00-00 00:00:00
TIMESTAMP	4	(1970-01-01 00:00:00, 2038-01-19 03:14:07)	YYYY-MM-DD HH:MM:SS	0000-00-00 00:00:00

其中，DATE 类型用于表示日期值，不包含时间部分。在 MySQL 中，DATE 类型常用的字符串格式为："YYYY-MM-DD"或者"YYYYMMDD"。

例如，输入"2018-04-24"或者"20180424"，插入数据库的日期都为 2018-04-24。

TIME 类型用于表示时间值，它的显示形式一般为 HH:MM:SS，其中，HH 表示小时，MM 表示分，SS 表示秒。

例如，输入"115253"，插入数据库中的时间为 11:52:53。

YEAR 类型用于表示年。在 MySQL 中，常使用 4 位字符串或数字表示，对应的字符串的范围为'1901'～'2155'，数字范围为 1901～2155。

例如，输入"2018"或 2018，插入到数据库中的值均为 2018。

DATETIME 类型用于表示日期和时间，它的显示形式为"YYYY-MM-DD HH:MM:SS"，其中，YYYY 表示年，MM 表示月，DD 表示日，HH 表示小时，MM 表示分，SS 表示秒。

DATETIME 类型常使用的字符串格式为"YYYY-MM-DD HH:MM:SS"或者"YYYYMMDD HHMMSS"。

例如，输入"2018-04-24 08:23:52"或"20180424082352"，插入数据库中的 DATETIME 类型的值为 2018-04-24 08:23:52。

TIMESTAMP 类型用于表示日期和时间，它的显示形式与 DATETIME 类型相同，但取值范围比 DATETIME 类型小。当 TIMESTAMP 类型的字段输入为 NULL 时，系统会以当前系统的日期和时间填入。当 TIMESTAMP 类型的字段无输入时，系统也会以当前系统的日期和时间填入。

3. 字符串类型和二进制类型

为了存储字符串、图片和声音等数据，MySQL 提供了字符串和二进制类型。表 3-3 描述了这些数据类型的取值范围和用途。

表 3-3　字符串类型和二进制类型

类型	大小	使用
CHAR（n）	0～255 字符	定长字符串，n 为字符串的最大长度。若输入数据的长度超过了 n 值，超出部分将会被截断；否则，不足部分用空格填充。例如，对于 CHAR(4)，若插入值为'abc'，则其占用的存储空间为 4 个字节
VARCHAR（n）	0～65536 字符	变长字符串，n 为字符串的最大长度。占用字节数随输入数据的实际长度而变化，最大长度不得超过 n+1。例如，对于 VARCHAR(4)，若插入值为'abc'，则其占用的存储空间为 4 个字节，若插入值为'abcd'，则其占用的存储空间为 5 个字节
BINARY（n）	0～255 字节	固定长度的二进制数据，n 为字节长度，若输入数据的字节长度超过了 n 值，超出部分将会被截断；否则，不足部分用字符'\0'填充。例如，对于 BINARY(3)，插入值为'a\0'时，会变成'a\0\0'值存入
VARBINARY（n）	0～65536 字节	可变长度的二进制数据，n 为字节长度
ENUM	1～65535 个值	枚举类型，语法格式为：ENUM('值1', '值2', …, '值n')。该类型的字段值只能为枚举值中的某一个。例如，性别字段数据类型可以设为 ENUM('男', '女')
SET	1～64 个值	集合类型，语法格式为：SET('值1', '值2', …, '值n')。例如，人的兴趣爱好字段的数据类型可以设为 SET（'听音乐', '看电影', '购物', '游泳', '旅游'），该字段的值从集合中取值，且可以取多个值
BIT（n）	1～64 位	位字段类型。如果输入的值的长度小于 n 位，在值的左边用 0 填充。例如，为 BIT(6)分配值'101'的效果与分配值'000101'的效果相同

续表

类型	大小	使用
TINYBLOB	0~255 字节	不超过 255 个字符的二进制字符串
BLOB	0~65535 字节	二进制形式的文本数据，主要存储图片、音频等信息
MEDIUMBLOB	0~16777215 字节	二进制形式的中等长度文本数据
LONGBLOB	0~4294967295 字节	二进制形式的极大长度文本数据
TINYTEXT	0~255 字节	短文本字符串
TEXT	0~65535 字节	文本数据。如新闻内容、博客、日志等
MEDIUMTEXT	0~16777215 字节	中等长度文本数据
LONGTEXT	0~4294967295 字节	极大长度文本数据

3.3 数据表的基本操作

3.3.1 创建数据表

数据库创建成功之后，接下来需要在数据库中创建数据表，因为数据表是数据库中存放数据的对象实体。没有数据表，数据库中其他的数据对象就都没有意义。注意，在创建数据表之前，一定要使用"USE 数据库名"明确是在哪个数据库中创建的，否则系统会抛出"No database selected"错误。创建数据表的语法格式如下：

```
CREATE TABLE 数据表名称
(
字段名 1 数据类型[完整性约束条件],
字段名 2 数据类型[完整性约束条件],
    …
字段名 3 数据类型[完整性约束条件]
);
```

在上述语法格式中，"数据表名称"是创建的数据表的名字，"字段名"是数据表的列名，"完整性约束条件"是字段的特殊约束条件。关于表的约束将在 3.4 节进行详细讲解。

【例 3-6】在 xxgc 数据库中创建一个用于存储教师信息的 teacher 表，其结构如表 3-4 所示。

表 3-4 teacher 表结构

字段名	数据类型	备注说明
id	INT(5)	教师的工号
name	VARCHAR(10)	教师的姓名
email	VARCHAR(30)	教师的邮箱地址

选择创建表的数据库，创建表的 SQL 语句如下：

```
USE xxgc;
CREATE TABLE teacher
(
Id INT(5),
name VARCHAR(10),
email VARCHAR(30)
);
```

执行后显示：Query OK, 0 rows affected (0.34 sec)，说明 teacher 表创建成功。

3.3.2　查看数据表

创建好数据表之后，可以查看数据表，以确认其定义是否正确。在 MySQL 中，查看数据表的方式有两种。

1. 使用 SHOW CREATE TABLE 语句查看数据表

语法格式如下：

```
SHOW CREATE TABLE 数据表名称;
```

其中，"数据表名称"是要查看的数据表的名字。

【例 3-7】使用 SHOW CREATE TABLE 语句查看 teacher 表。

SQL 语句如下：

```
SHOW CREATE TABLE teacher;
```

执行结果如图 3-6 所示。

```
mysql> SHOW CREATE TABLE teacher;
+---------+--------------------------------------------------------------+
| Table   | Create Table                                                 |
+---------+--------------------------------------------------------------+
| teacher | CREATE TABLE `teacher` (
  `id` int(5) DEFAULT NULL,
  `name` varchar(10) DEFAULT NULL,
  `email` varchar(30) DEFAULT NULL
) ENGINE=InnoDB DEFAULT CHARSET=utf8 |
+---------+--------------------------------------------------------------+
1 row in set (0.00 sec)
```

图 3-6　使用 SHOW CREATE TABLE 语句查看 teacher 表

从图 3-6 的显示结果中可以看出 teacher 表的定义信息，以及字符编码方式。但显示结果排版比较混乱，可以在"SHOW CREATE TABLE 表名"之后加上参数"\G"，使显示结果整齐美观，重新执行，结果如图 3-7 所示。

```
mysql> SHOW CREATE TABLE teacher\G
*************************** 1. row ***************************
       Table: teacher
Create Table: CREATE TABLE `teacher` (
  `id` int(5) DEFAULT NULL,
  `name` varchar(10) DEFAULT NULL,
  `email` varchar(30) DEFAULT NULL
) ENGINE=InnoDB DEFAULT CHARSET=utf8
1 row in set (0.00 sec)
```

图 3-7　使用参数"\G"查看 teacher 表

注意,"SHOW CREATE TABLE 表名\G"语句后边不要有分号(;)。

2. 使用 DESCRIBE 语句查看数据表

使用 DESCRIBE 语句查看数据表,可以查看到数据表的字段名、类型、是否为空,是否为主键等信息。语法格式如下:

```
DESCRIBE 表名;
```

或者使用简写:

```
DESC 表名;
```

【例 3-8】使用 DESCRIBE 语句查看 teacher 表。
SQL 语句如下:

```
DESCRIBE teacher;
```

执行结果如图 3-8 所示。其中:
(1) Field 表示该表的字段名;
(2) Type 表示对应字段的数据类型;
(3) Null 表示对应字段是否可以存储 NULL 值;
(4) Key 表示对应字段是否编制索引和约束;
(5) Default 表示对应字段是否有默认值;
(6) Extra 表示获取到的与对应字段相关的附加信息。

```
mysql> DESCRIBE teacher;
+-------+-------------+------+-----+---------+-------+
| Field | Type        | Null | Key | Default | Extra |
+-------+-------------+------+-----+---------+-------+
| id    | int(5)      | YES  |     | NULL    |       |
| name  | varchar(10) | YES  |     | NULL    |       |
| email | varchar(30) | YES  |     | NULL    |       |
+-------+-------------+------+-----+---------+-------+
3 rows in set (0.01 sec)
```

图 3-8 使用 DESCRIBE 语句查看 teacher 表

3.3.3 修改数据表

数据表创建之后,用户还可以对表中的某些信息进行修改,包括修改数据表的结构以及表中字段的信息,如修改表名、修改字段名、修改字段的数据类型等。

1. 修改表名

语法格式如下:

```
ALTER TABLE 旧表名 RENAME [TO]新表名;
```

其中关键字 TO 是可选的。
【例 3-9】将数据库 xxgc 中 teacher 表的表名改为 xxgc_teacher。
修改表名之前,先用 SHOW TABLES 语句查看数据库中的表,结果如图 3-9 所示。
执行下述命令,将 teacher 表名改为 xxgc_teacher。

```
ALTER TABLE teacher RENAME xxgc_teacher;
```

上述命令执行成功后,再用 SHOW TABLES 语句查看数据库中的表,结果如图 3-10 所示。

```
mysql> SHOW TABLES;
+----------------+
| Tables_in_xxgc |
+----------------+
| teacher        |
+----------------+
1 row in set (0.00 sec)
```

图 3-9 使用 SHOW TABLES 语句查看表

```
mysql> SHOW TABLES;
+----------------+
| Tables_in_xxgc |
+----------------+
| xxgc_teacher   |
+----------------+
1 row in set (0.00 sec)
```

图 3-10 使用 SHOW TABLES 语句查看 ALTER 语句执行结果

从图 3-10 可以看出,数据库 xxgc 中的表名 teacher 已经被成功修改为 xxgc_teacher。

2. 修改字段名和数据类型

语法格式如下:

```
ALTER TABLE 表名 CHANGE 旧字段名 新字段名 新数据类型;
```

其中,"旧字段名"是修改之前的字段名称,"新字段名"是修改之后的字段名称,"新数据类型"是修改后的数据类型。注意,修改后的数据类型不能为空。如果只修改字段名,不修改数据类型,可以将新数据类型写为字段原来的数据类型。

【例 3-10】将 xxgc_teacher 表中的 id 字段改名为 workid,数据类型保持不变。

修改字段之前,首先查看表的信息,执行结果如图 3-11 所示。

```
mysql> DESC xxgc_teacher;
+-------+-------------+------+-----+---------+-------+
| Field | Type        | Null | Key | Default | Extra |
+-------+-------------+------+-----+---------+-------+
| id    | int(5)      | YES  |     | NULL    |       |
| name  | varchar(10) | YES  |     | NULL    |       |
| email | varchar(30) | YES  |     | NULL    |       |
+-------+-------------+------+-----+---------+-------+
3 rows in set (0.12 sec)
```

图 3-11 例 3-10 执行结果 1

执行下述命令,将 xxgc_teacher 表中的 id 字段改为 workid。

```
ALTER TABLE xxgc_teacher CHANGE id workid INT(5);
```

执行结果如图 3-12 所示。

```
mysql> DESC xxgc_teacher;
+--------+-------------+------+-----+---------+-------+
| Field  | Type        | Null | Key | Default | Extra |
+--------+-------------+------+-----+---------+-------+
| workid | int(5)      | YES  |     | NULL    |       |
| name   | varchar(10) | YES  |     | NULL    |       |
| email  | varchar(30) | YES  |     | NULL    |       |
+--------+-------------+------+-----+---------+-------+
3 rows in set (0.01 sec)
```

图 3-12 例 3-10 执行结果 2

从图 3-12 可以看出，xxgc_teacher 表中的 id 字段已经成功改名为 workid。

3. 修改字段的数据类型

语法格式如下：

```
ALTER TABLE 表名 MODIFY 字段名 新数据类型;
```

【例 3-11】将 xxgc_teacher 表中的 workid 字段的数据类型由 INT(5) 修改为 TINYINT。

执行修改命令之前，先查看 xxgc_teacher 表的结构，如图 3-13 所示。

```
mysql> DESC xxgc_teacher;
+--------+-------------+------+-----+---------+-------+
| Field  | Type        | Null | Key | Default | Extra |
+--------+-------------+------+-----+---------+-------+
| workid | int(5)      | YES  |     | NULL    |       |
| name   | varchar(10) | YES  |     | NULL    |       |
| email  | varchar(30) | YES  |     | NULL    |       |
+--------+-------------+------+-----+---------+-------+
3 rows in set (0.01 sec)
```

图 3-13　例 3-11 执行结果 1

执行修改命令，SQL 语句如下：

```
ALTER TABLE xxgc_teacher MODIFY workid TINYINT;
```

命令成功执行后，再查看一下 xxgc_teacher 表的结构。结果如图 3-14 所示。

```
mysql> DESC xxgc_teacher;
+--------+-------------+------+-----+---------+-------+
| Field  | Type        | Null | Key | Default | Extra |
+--------+-------------+------+-----+---------+-------+
| workid | tinyint(4)  | YES  |     | NULL    |       |
| name   | varchar(10) | YES  |     | NULL    |       |
| email  | varchar(30) | YES  |     | NULL    |       |
+--------+-------------+------+-----+---------+-------+
3 rows in set (0.01 sec)
```

图 3-14　例 3-11 执行结果 2

从图 3-14 可以看出，workid 字段的数据类型已经由 INT(5) 修改为 TINYINT。

4. 添加字段

语法格式如下：

```
ALTER TABLE 表名
ADD 新字段名 数据类型 [约束条件] [FIRST|AFTER 已经存在的字段名];
```

其中，"新字段名"是新添加的字段名称，"FIRST"是可选参数，用于将新添加的字段设置为表的第一个字段，"AFTER 已经存在的字段名"也是可选参数，用于将新添加的字段添加到指定字段的后面。如不指定位置，则默认将新添加字段追加到表末尾。

【例 3-12】在 xxgc_teacher 表中添加一个没有约束条件的 INT(4) 类型的 age 字段。
SQL 语句如下：

```
ALTER TABLE xxgc_teacher ADD age INT(4);
```

为了验证 age 字段是否添加成功，使用 DESC 语句查看 xxgc_teacher 表的结构，执行结果如图 3-15 所示。

```
mysql> DESC xxgc_teacher;
+--------+-------------+------+-----+---------+-------+
| Field  | Type        | Null | Key | Default | Extra |
+--------+-------------+------+-----+---------+-------+
| workid | tinyint(4)  | YES  |     | NULL    |       |
| name   | varchar(10) | YES  |     | NULL    |       |
| email  | varchar(30) | YES  |     | NULL    |       |
| age    | int(4)      | YES  |     | NULL    |       |
+--------+-------------+------+-----+---------+-------+
4 rows in set (0.01 sec)
```

图 3-15　例 3-12 执行结果

从图 3-15 可以看出，在 xxgc_teacher 表中已经成功添加了 age 字段，数据类型为 INT(4)。

5. 删除字段

语法格式如下：

```
ALTER TABLE 表名 DROP 字段名;
```

【例 3-13】删除 xxgc_teacher 表中的 email 字段。
SQL 语句如下：

```
ALTER TABLE xxgc_teacher DROP email;
```

为了验证 email 字段是否删除成功，使用 DESC 语句查看 xxgc_teacher 表的结构，执行结果如图 3-16 所示。

```
mysql> DESC xxgc_teacher;
+--------+-------------+------+-----+---------+-------+
| Field  | Type        | Null | Key | Default | Extra |
+--------+-------------+------+-----+---------+-------+
| workid | tinyint(4)  | YES  |     | NULL    |       |
| name   | varchar(10) | YES  |     | NULL    |       |
| age    | int(4)      | YES  |     | NULL    |       |
+--------+-------------+------+-----+---------+-------+
3 rows in set (0.01 sec)
```

图 3-16　例 3-13 执行结果

从图 3-16 可以看出，xxgc_teacher 表中的 email 字段已经不存在了。

6. 修改字段的位置

语法格式如下：

```
ALTER TABLE 表名 MODIFY 字段名1 新数据类型 FIRST|AFTER 字段名2;
```

其中"FIRST"是可选参数，用于将"字段名1"设置为表的第一个字段，"AFTER 字段名2"也是可选参数，用于将"字段名1"移动到"字段名2"的后面。此命令可以同时修改字段的数据类型和位置。如果只修改位置，不修改数据类型，可以将新数据类型写为字段原来的数据类型。

【例 3-14】将 xxgc_teacher 表中的 name 字段修改为表中的第一个字段。
SQL 语句如下：

```
ALTER TABLE xxgc_teacher MODIFY name VARCHAR(10) FIRST;
```

使用 DESC 语句查看 xxgc_teacher 表的结构，执行结果如图 3-17 所示。

```
mysql> DESC xxgc_teacher;
+--------+-------------+------+-----+---------+-------+
| Field  | Type        | Null | Key | Default | Extra |
+--------+-------------+------+-----+---------+-------+
| name   | varchar(10) | YES  |     | NULL    |       |
| workid | tinyint(4)  | YES  |     | NULL    |       |
| age    | int(4)      | YES  |     | NULL    |       |
+--------+-------------+------+-----+---------+-------+
3 rows in set (0.01 sec)
```

图 3-17　例 3-14 执行结果

从图 3-17 可以看出，name 字段已经被修改为表的第一个字段了。

【例 3-15】将 xxgc_teacher 表中的 workid 字段移动到 age 字段之后。
SQL 语句如下：

```
ALTER TABLE xxgc_teacher MODIFY workid TINYINT AFTER age;
```

使用 DESC 语句查看 xxgc_teacher 表的结构，执行结果如图 3-18 所示。

```
mysql> DESC xxgc_teacher;
+--------+-------------+------+-----+---------+-------+
| Field  | Type        | Null | Key | Default | Extra |
+--------+-------------+------+-----+---------+-------+
| name   | varchar(10) | YES  |     | NULL    |       |
| age    | int(4)      | YES  |     | NULL    |       |
| workid | tinyint(4)  | YES  |     | NULL    |       |
+--------+-------------+------+-----+---------+-------+
3 rows in set (0.02 sec)
```

图 3-18　例 3-15 执行结果

从图 3-18 可以看出，xxgc_teacher 表中的 workid 字段已经成功移动到 age 字段之后。

3.3.4　删除数据表

删除数据表是指删除数据库中已经存在的表，同时，该数据表中的数据也会被删除。注意，一般数据库中的多个数据表之间可能会存在关联，要删除具有关联关系的数据表比较复杂，将在后续章节介绍。本节只涉及没有关联关系的数据表的删除。

删除数据表的语法格式如下：

```
DROP TABLE 表名；
```

【例 3-16】删除 xxgc_teacher 表。
SQL 语句如下：

```
DROP TABLE xxgc_teacher;
```

为了验证 xxgc_teacher 表是否删除成功，使用 DESC 语句查看，执行结果如图 3-19 所示。

```
mysql> DESC xxgc_teacher;
ERROR 1146 (42S02): Table 'xxgc.xxgc_teacher' doesn't exist
```

图 3-19 使用 DESC 语句查看 DROP TABLE 语句执行结果

从图 3-19 可以看出，xxgc_teacher 表已经不存在了，说明已被成功删除。

3.4 数据表的约束

约束的目的是保证数据库中数据的完整性和一致性。在 MySQL 中，常见的表约束有以下几种：PRIMARY KEY CONSTRAINT（主键约束）、FOREIGN KEY CONSTRAINT（外键约束）、NOT NULL CONSTRAINT（非空约束）、UNIQUE CONSTRAINT（唯一约束）、DEFAULT CONSTRAINT（默认约束）。

3.4.1 PRIMARY KEY CONSTRAINT（主键约束）

主键，又称主码，由表中的一个字段或多个字段组成，能够唯一地标识表中的一条记录。主键约束要求主键字段中的数据唯一，并且不允许为空。主键分为两种类型：单字段主键和复合主键。

注意，每个数据表中最多只能有一个主键。

1. 单字段主键

（1）创建表时指定主键

语法格式如下：

```
字段名  数据类型  PRIMARY KEY ;
```

【例 3-17】创建 company 表，并设置 company_id 字段为主键。

SQL 语句如下：

```
CREATE TABLE company
(
company_id INT(11) PRIMARY KEY,
company_name VARCHAR(50),
company_address VARCHAR(200)
);
```

执行上述命令之后，用 DESC 语句查看 company 表的结构，执行结果如图 3-20 所示。

```
mysql> DESC company;
+-----------------+--------------+------+-----+---------+-------+
| Field           | Type         | Null | Key | Default | Extra |
+-----------------+--------------+------+-----+---------+-------+
| company_id      | int(11)      | NO   | PRI | NULL    |       |
| company_name    | varchar(50)  | YES  |     | NULL    |       |
| company_address | varchar(200) | YES  |     | NULL    |       |
+-----------------+--------------+------+-----+---------+-------+
3 rows in set (0.01 sec)
```

图 3-20 例 3-17 执行结果

从图 3-20 可以看出，company_id 字段的 "Key" 显示为 PRI，表示此字段为主键。
（2）为已存在的表添加主键约束
语法格式如下：

```
ALTER TABLE 表名 MODIFY 字段名 数据类型 PRIMARY KEY;
```

【例 3-18】将 company 表的 company_id 字段修改为主键。
首先将前面创建的 company 表删除，再新建 company 表，SQL 语句如下：

```
DROP TABLE company;
CREATE TABLE company
(
company_id INT(11),
company_name VARCHAR(50),
company_address VARCHAR(200)
);
```

执行上述命令，用 DESC 语句查看 company 表的结构，执行结果如图 3-21 所示。

```
mysql> DESC company;
+-----------------+--------------+------+-----+---------+-------+
| Field           | Type         | Null | Key | Default | Extra |
+-----------------+--------------+------+-----+---------+-------+
| company_id      | int(11)      | YES  |     | NULL    |       |
| company_name    | varchar(50)  | YES  |     | NULL    |       |
| company_address | varchar(200) | YES  |     | NULL    |       |
+-----------------+--------------+------+-----+---------+-------+
3 rows in set (0.11 sec)
```

图 3-21　例 3-18 创建表执行结果

接下来，使用 ALTER 语句将 company_id 字段修改为主键，SQL 语句如下：

```
ALTER TABLE company MODIFY company_id INT(11) PRIMARY KEY;
```

为了验证 company_id 字段的主键约束是否添加成功，再次使用 DESC 语句查看 company 表的结构，执行结果如图 3-22 所示。

```
mysql> DESC company;
+-----------------+--------------+------+-----+---------+-------+
| Field           | Type         | Null | Key | Default | Extra |
+-----------------+--------------+------+-----+---------+-------+
| company_id      | int(11)      | NO   | PRI | NULL    |       |
| company_name    | varchar(50)  | YES  |     | NULL    |       |
| company_address | varchar(200) | YES  |     | NULL    |       |
+-----------------+--------------+------+-----+---------+-------+
3 rows in set (0.01 sec)
```

图 3-22　例 3-18 使用 ALTER 语句修改表的执行结果

从图 3-22 可以看出，company_id 字段的 "Key" 显示为 PRI，表示此字段为主键。
（3）删除主键约束
语法格式如下：

```
ALTER TABLE 表名 DROP PRIMARY KEY;
```

【例 3-19】删除 company 表的 company_id 字段的主键约束。
SQL 语句如下：

```
ALTER TABLE company DROP PRIMARY KEY;
```

为了验证 company_id 字段的主键约束是否删除,使用 DESC 语句查看 company 表的结构,执行结果如图 3-23 所示。

```
mysql> DESC company;
+-----------------+--------------+------+-----+---------+-------+
| Field           | Type         | Null | Key | Default | Extra |
+-----------------+--------------+------+-----+---------+-------+
| company_id      | int(11)      | NO   |     | NULL    |       |
| company_name    | varchar(50)  | YES  |     | NULL    |       |
| company_address | varchar(200) | YES  |     | NULL    |       |
+-----------------+--------------+------+-----+---------+-------+
3 rows in set (0.01 sec)
```

图 3-23 例 3-19 执行结果

从图 3-23 可以看出,company_id 字段的"Key"为空,表示此字段已经不是主键了。

2. 复合主键

复合主键指主键由多个字段组成。

(1)创建表时指定复合主键

其语法格式如下:

```
PRIMARY KEY(字段名 1,字段名 2,…,字段名 3);
```

其中"字段名 1,字段名 2,…,字段名 3"指的是构成主键的多个字段的名称。

【例 3-20】创建 sales 表,设置 product_id、region_code 字段为复合主键。
SQL 语句如下:

```
CREATE TABLE sales
(
product_id INT(11),
region_code VARCHAR(10),
quantity INT(11),
price FLOAT,
PRIMARY KEY(product_id,region_code)
);
```

执行上述命令,用 DESC 语句查看 sales 表的结构,执行结果如图 3-24 所示。

```
mysql> DESC sales;
+-------------+-------------+------+-----+---------+-------+
| Field       | Type        | Null | Key | Default | Extra |
+-------------+-------------+------+-----+---------+-------+
| product_id  | int(11)     | NO   | PRI | 0       |       |
| region_code | varchar(10) | NO   | PRI |         |       |
| quantity    | int(11)     | YES  |     | NULL    |       |
| price       | float       | YES  |     | NULL    |       |
+-------------+-------------+------+-----+---------+-------+
4 rows in set (0.01 sec)
```

图 3-24 例 3-20 执行结果

从图 3-24 中可以看出,product_id 字段和 region_code 字段的"Key"均显示为 PRI,表示这两个字段共同作为主键。

（2）为已存在的表添加复合主键

语法格式如下：

`ALTER TABLE 表名 ADD PRIMARY KEY(字段名1, 字段名2,…,字段名3);`

【例3-21】将 sales 表的 product_id 字段和 region_code 字段作为复合主键。

首先将前面创建的 sales 表删除，再新建 sales 表。SQL 语句如下：

```
DROP TABLE sales;
CREATE TABLE sales
(
product_id INT(11),
region_code VARCHAR(10),
quantity INT(11),
price FLOAT
);
```

执行上述命令，用 DESC 语句查看 sales 表的结构，执行结果如图3-25所示。

```
mysql> DESC sales;
+------------+-------------+------+-----+---------+-------+
| Field      | Type        | Null | Key | Default | Extra |
+------------+-------------+------+-----+---------+-------+
| product_id | int(11)     | YES  |     | NULL    |       |
| region_code| varchar(10) | YES  |     | NULL    |       |
| quantity   | int(11)     | YES  |     | NULL    |       |
| price      | float       | YES  |     | NULL    |       |
+------------+-------------+------+-----+---------+-------+
4 rows in set (0.01 sec)
```

图3-25 例3-21创建表执行结果

接下来，使用 ALTER 语句将 sales 表的 product_id 字段和 region_code 字段设为复合主键。SQL 语句如下：

`ALTER TABLE sales ADD PRIMARY KEY(product_id, region_code);`

为了验证 product_id 字段和 region_code 字段作为复合主键是否添加成功，再次使用 DESC 语句查看 sales 表的结构，执行结果如图3-26所示。

```
mysql> DESC sales;
+------------+-------------+------+-----+---------+-------+
| Field      | Type        | Null | Key | Default | Extra |
+------------+-------------+------+-----+---------+-------+
| product_id | int(11)     | NO   | PRI | 0       |       |
| region_code| varchar(10) | NO   | PRI |         |       |
| quantity   | int(11)     | YES  |     | NULL    |       |
| price      | float       | YES  |     | NULL    |       |
+------------+-------------+------+-----+---------+-------+
4 rows in set (0.01 sec)
```

图3-26 例3-21使用 ALTER 语句执行结果

（3）删除复合主键约束的语法格式如下：

`ALTER TABLE 表名 DROP PRIMARY KEY;`

3.4.2 FOREIGN KEY CONSTRAINT（外键约束）

外键在两个表的数据之间建立关联，它可以是一个字段或者多个字段。一个表可以有一个或者多个外键。一个表的外键可以为空值,若不为空值,则每一个外键值必须等于另一个表中主键的某个值。注意,关联指的是在关系数据库中,相关表之间的联系。它是通过相同或者相容的字段或字段组来表示的。子表的外键必须关联父表的主键,且关联字段的数据类型必须匹配。

定义外键后,不允许在主表中删除与子表具有关联关系的记录。

主表(父表):对于两个具有关联关系的表而言,相关联字段中主键所在的那个表即主表。

从表(子表):对于两个具有关联关系的表而言,相关联字段中外键所在的那个表即从表。

1. 创建表时添加外键约束

语法格式如下:

CONSTRAINT 外键名 FOREIGN KEY(从表的外键字段名)REFERENCES 主表名(主表的主键字段名)

其中,"外键名"是指从表创建的外键约束的名字。

【例 3-22】创建部门表 dept 和员工表 emp,并在员工表上创建外键。

Step1:先创建主表 dept

```
CREATE TABLE dept
(
 id INT(11) PRIMARY KEY,
name VARCHAR(22),
location VARCHAR(50),
description VARCHAR(200)
);
```

Step2:再创建从表 emp

```
CREATE TABLE emp
(
 id INT(11) PRIMARY KEY,
name VARCHAR(25),
dept_id INT(11),
salary FLOAT,
CONSTRAINT fk_emp_dept FOREIGN KEY(dept_id) REFERENCES dept(id)
 );
```

执行上述命令,用 SHOW CREATE TABLE 语句查看 dept 表的结构,执行结果如图 3-27 所示。

```
mysql> SHOW CREATE TABLE dept;
+-------+--------------+
| Table | Create Table |
+-------+--------------+
| dept  | CREATE TABLE `dept` (
  `id` int(11) NOT NULL,
  `name` varchar(22) DEFAULT NULL,
  `location` varchar(50) DEFAULT NULL,
  `description` varchar(200) DEFAULT NULL,
  PRIMARY KEY (`id`)
) ENGINE=InnoDB DEFAULT CHARSET=utf8 |
+-------+--------------+
1 row in set (0.00 sec)
```

图 3-27 例 3-22 查看 dept 表执行结果

用 SHOW CREATE TABLE 语句查看 emp 表的结构，执行结果如图 3-28 所示。

```
mysql> SHOW CREATE TABLE emp;
+-------+----------------------------------------------------------+
| Table | Create Table                                             |
+-------+----------------------------------------------------------+
| emp   | CREATE TABLE `emp` (
  `id` int(11) NOT NULL,
  `name` varchar(25) DEFAULT NULL,
  `dept_id` int(11) DEFAULT NULL,
  `salary` float DEFAULT NULL,
  PRIMARY KEY (`id`),
  KEY `fk_emp_dept` (`dept_id`),
  CONSTRAINT `fk_emp_dept` FOREIGN KEY (`dept_id`) REFERENCES `dept` (`id`)
) ENGINE=InnoDB DEFAULT CHARSET=utf8 |
+-------+----------------------------------------------------------+
1 row in set (0.00 sec)
```

图 3-28　例 3-22 查看 emp 表执行结果

从图 3-28 可以看出已经成功地创建了 dept 表和 emp 表的主外键关联。要特别注意，主表 dept 的主键字段 id 和从表 emp 的外键字段 dept_id 的数据类型必须兼容或者一致，且含义一样。

在创建表时创建表的主外键关联，必须先创建主表，再创建从表。

2．为已存在的表添加外键约束

语法格式如下：

```
ALTER TABLE 从表名 ADD CONSTRAINT 外键名 FOREIGN KEY（从表的外键字段名）REFERENCES 主表名（主表的主键字段名）；
```

其中，"外键名"是指从表创建的外键约束的名字。

【例 3-23】已存在部门表 dept 和员工表 emp，为员工表 emp 创建外键。

Step1：删除 emp 表和 dept 表

```
DROP TABLE emp;
DROP TABLE dept;
```

Step2：先创建主表 dept

```
CREATE TABLE dept
(
id INT(11) PRIMARY KEY,
name VARCHAR(22),
location VARCHAR(50),
description VARCHAR(200)
);
```

Step3：再创建从表 emp

```
CREATE TABLE emp
(
id INT(11) PRIMARY KEY,
name VARCHAR(25),
```

```
dept_id INT(11),
salary FLOAT
);
```

执行上述命令，用 SHOW CREATE TABLE 语句查看 dept 表，执行结果如图 3-29 所示。

```
mysql> SHOW CREATE TABLE dept;
+-------+------------------------------------------------+
| Table | Create Table                                   |
+-------+------------------------------------------------+
| dept  | CREATE TABLE `dept` (
  `id` int(11) NOT NULL,
  `name` varchar(22) DEFAULT NULL,
  `location` varchar(50) DEFAULT NULL,
  `description` varchar(200) DEFAULT NULL,
  PRIMARY KEY (`id`)
) ENGINE=InnoDB DEFAULT CHARSET=utf8 |
+-------+------------------------------------------------+
1 row in set (0.00 sec)
```

图 3-29　例 3-23 查看 dept 表执行结果

用 SHOW CREATE TABLE 语句查看 emp 表，执行结果如图 3-30 所示。

```
mysql> SHOW CREATE TABLE emp;
+-------+------------------------------------------------+
| Table | Create Table                                   |
+-------+------------------------------------------------+
| emp   | CREATE TABLE `emp` (
  `id` int(11) NOT NULL,
  `name` varchar(25) DEFAULT NULL,
  `dept_id` int(11) DEFAULT NULL,
  `salary` float DEFAULT NULL,
  PRIMARY KEY (`id`)
) ENGINE=InnoDB DEFAULT CHARSET=utf8 |
+-------+------------------------------------------------+
1 row in set (0.00 sec)
```

图 3-30　例 3-23 查看 emp 表执行结果

接下来，使用 ALTER 语句为员工表 emp 创建外键。SQL 语句如下：

```
ALTER TABLE emp ADD CONSTRAINT fk_emp_dept FOREIGN KEY(dept_id) REFERENCES dept(id);
```

为了验证员工表 emp 的外键是否创建成功，再次使用 SHOW CREATE TABLE 语句查看 emp 表，执行结果如图 3-31 所示。

对比图 3-30 和图 3-31，可以看出已经成功地创建了 dept 表和 emp 表的主外键关联。

3. 删除外键约束

语法格式如下：

```
ALTER TABLE 从表名 DROP FOREIGN KEY 外键名;
```

```
mysql> SHOW CREATE TABLE emp;
+-------+------------------------------------------------------------------+
| Table | Create Table                                                     |
+-------+------------------------------------------------------------------+
| emp   | CREATE TABLE `emp` (
  `id` int(11) NOT NULL,
  `name` varchar(25) DEFAULT NULL,
  `dept_id` int(11) DEFAULT NULL,
  `salary` float DEFAULT NULL,
  PRIMARY KEY (`id`),
  KEY `fk_emp_dept` (`dept_id`),
  CONSTRAINT `fk_emp_dept` FOREIGN KEY (`dept_id`) REFERENCES `dept` (`id`)
) ENGINE=InnoDB DEFAULT CHARSET=utf8 |
+-------+------------------------------------------------------------------+
1 row in set (0.00 sec)
```

图 3-31 例 3-23 查看添加外键执行结果

【例 3-24】删除 emp 表 dept_id 字段的外键约束，外键约束名是 fk_emp_dept。
SQL 语句如下：

```
ALTER TABLE emp DROP FOREIGN KEY fk_emp_dept;
```

为了验证 emp 表 dept_id 字段的外键约束是否删除，使用 SHOW CREATE TABLE 语句查看 emp 表，执行结果如图 3-32 所示。

```
mysql> SHOW CREATE TABLE emp;
+-------+------------------------------------------------------------------+
| Table | Create Table                                                     |
+-------+------------------------------------------------------------------+
| emp   | CREATE TABLE `emp` (
  `id` int(11) NOT NULL,
  `name` varchar(25) DEFAULT NULL,
  `dept_id` int(11) DEFAULT NULL,
  `salary` float DEFAULT NULL,
  PRIMARY KEY (`id`),
  KEY `fk_emp_dept` (`dept_id`)
) ENGINE=InnoDB DEFAULT CHARSET=utf8 |
+-------+------------------------------------------------------------------+
1 row in set (0.00 sec)
```

图 3-32 例 3-24 执行结果

对比图 3-31 和图 3-32，可以看出已经成功的删除了 dept 表和 emp 表的主外键关联。但是仍出现"Key 'fk_emp_dept' ('dept_id')"的信息，是因为 MySQL 在创建外键后，会自动创建一个同名的索引。外键删除，但索引不会被删除。本书会在后续章节中详细介绍索引。

3.4.3 NOT NULL CONSTRAINT（非空约束）

非空约束指字段的值不能为空。在同一个数据表中可以定义多个非空字段。

1. 创建表时添加非空约束

语法格式如下：

字段名 数据类型 NOT NULL;

【例 3-25】创建 company 表，并设置 company_id 字段为主键，company_address 字段为非空约束。

SQL 语句如下所示：

```
DROP TABLE IF EXISTS company;
CREATE TABLE company
(
company_id INT(11) PRIMARY KEY,
company_name VARCHAR(50),
company_address VARCHAR(200) NOT NULL
);
```

执行上述命令，用 DESC 语句查看 company 表的结构，执行结果如图 3-33 所示。

```
mysql> DESC company;
+-----------------+--------------+------+-----+---------+-------+
| Field           | Type         | Null | Key | Default | Extra |
+-----------------+--------------+------+-----+---------+-------+
| company_id      | int(11)      | NO   | PRI | NULL    |       |
| company_name    | varchar(50)  | YES  |     | NULL    |       |
| company_address | varchar(200) | NO   |     | NULL    |       |
+-----------------+--------------+------+-----+---------+-------+
3 rows in set (0.14 sec)
```

图 3-33 例 3-25 执行结果

从图 3-33 可以看出，company_address 字段的"Null"列的值为 NO，表示这个字段不允许为空。

2. 为已经存在的表添加非空约束

语法格式如下：

ALTER TABLE 表名 MODIFY 字段名 新数据类型 NOT NULL;

此命令可以同时修改字段的数据类型和增加非空约束。如果不修改字段的数据类型，将"新数据类型"写为字段原来的数据类型即可。

【例 3-26】将 company 表的 company_address 字段设置为非空约束。

首先创建 company 表，SQL 语句如下：

```
DROP TABLE IF EXISTS company;
CREATE TABLE company
(
company_id INT(11) PRIMARY KEY,
company_name VARCHAR(50),
company_address VARCHAR(200)
);
```

执行上述命令，用 DESC 语句查看 company 表的结构，执行结果如图 3-34 所示。

```
mysql> DESC company;
+-----------------+--------------+------+-----+---------+-------+
| Field           | Type         | Null | Key | Default | Extra |
+-----------------+--------------+------+-----+---------+-------+
| company_id      | int(11)      | NO   | PRI | NULL    |       |
| company_name    | varchar(50)  | YES  |     | NULL    |       |
| company_address | varchar(200) | YES  |     | NULL    |       |
+-----------------+--------------+------+-----+---------+-------+
3 rows in set (0.01 sec)
```

图 3-34　例 3-26 创建表执行结果

接下来，使用 ALTER 语句将 company_address 字段设置为非空约束，SQL 语句如下：

```
ALTER TABLE company MODIFY company_address VARCHAR(200) NOT NULL;
```

为了验证 company_address 字段的非空约束是否添加成功，再次使用 DESC 语句查看 company 表的结构，执行结果如图 3-35 所示。

```
mysql> DESC company;
+-----------------+--------------+------+-----+---------+-------+
| Field           | Type         | Null | Key | Default | Extra |
+-----------------+--------------+------+-----+---------+-------+
| company_id      | int(11)      | NO   | PRI | NULL    |       |
| company_name    | varchar(50)  | YES  |     | NULL    |       |
| company_address | varchar(200) | NO   |     | NULL    |       |
+-----------------+--------------+------+-----+---------+-------+
3 rows in set (0.01 sec)
```

图 3-35　例 3-26 添加非空约束执行结果

从图 3-35 可以看出，company_address 字段的"Null"列的值为 NO，表示这个字段不允许为空。

3. 删除非空约束

语法格式如下：

```
ALTER TABLE 表名 MODIFY 字段名 数据类型;
```

【例 3-27】删除 company 表的 company_address 字段的非空约束。
SQL 语句如下：

```
ALTER TABLE company MODIFY company_address VARCHAR(200);
```

为了验证 company_address 字段的非空约束是否删除成功，使用 DESC 语句查看 company 表的结构，执行结果如图 3-36 所示。

```
mysql> DESC company;
+-----------------+--------------+------+-----+---------+-------+
| Field           | Type         | Null | Key | Default | Extra |
+-----------------+--------------+------+-----+---------+-------+
| company_id      | int(11)      | NO   | PRI | NULL    |       |
| company_name    | varchar(50)  | YES  |     | NULL    |       |
| company_address | varchar(200) | YES  |     | NULL    |       |
+-----------------+--------------+------+-----+---------+-------+
3 rows in set (0.01 sec)
```

图 3-36　例 3-27 执行结果

从图 3-36 可以看出，company_address 字段的"Null"列的值为 YES，表示这个字段允许为空。

3.4.4 UNIQUE CONSTRAINT（唯一约束）

唯一约束要求该列值唯一，不能重复。唯一约束可以确保一列或者几列不出现重复值。

1. 创建表时添加唯一约束

语法格式如下：

```
字段名  数据类型  UNIQUE;
```

【例 3-28】创建 company 表，并将 company_id 字段设置为主键，company_address 字段设置为非空约束，company_name 字段设置为唯一约束。

SQL 语句如下：

```
DROP TABLE IF EXISTS company;
CREATE TABLE company
(
company_id INT(11) PRIMARY KEY,
company_name VARCHAR(50) UNIQUE,
company_address VARCHAR(200) NOT NULL
);
```

执行上述命令，用 DESC 语句查看 company 表的结构，执行结果如图 3-37 所示。

```
mysql> DESC company;
+-----------------+--------------+------+-----+---------+-------+
| Field           | Type         | Null | Key | Default | Extra |
+-----------------+--------------+------+-----+---------+-------+
| company_id      | int(11)      | NO   | PRI | NULL    |       |
| company_name    | varchar(50)  | YES  | UNI | NULL    |       |
| company_address | varchar(200) | NO   |     | NULL    |       |
+-----------------+--------------+------+-----+---------+-------+
3 rows in set (0.01 sec)
```

图 3-37　例 3-28 执行结果

从图 3-37 可以看出，company_name 字段的"Key"列的值为 UNI，表示这个字段具有唯一约束。

注意，一个表中可以有多个字段声明为唯一约束，但是只能有一个主键；声明为主键的字段不允许有空值，但是声明为唯一约束的字段允许存在空值。

2. 为已存在的表添加唯一约束

语法格式如下：

```
ALTER TABLE 表名 MODIFY 字段名 新数据类型 UNIQUE;
```

此命令可以同时修改字段的数据类型和增加唯一约束。如果不修改字段的数据类型，将"新数据类型"写为字段原来的数据类型即可。

【例 3-29】将 company 表的 company_name 字段修改为唯一约束。

首先创建 company 表，SQL 语句如下：

```
DROP TABLE IF EXISTS company;
CREATE TABLE company
(
```

```
company_id INT(11) PRIMARY KEY,
company_name VARCHAR(50),
company_address VARCHAR(200) NOT NULL
);
```

执行上述命令，用 DESC 语句查看 company 表的结构，执行结果如图 3-38 所示。

```
mysql> DESC company;
+-----------------+--------------+------+-----+---------+-------+
| Field           | Type         | Null | Key | Default | Extra |
+-----------------+--------------+------+-----+---------+-------+
| company_id      | int(11)      | NO   | PRI | NULL    |       |
| company_name    | varchar(50)  | YES  |     | NULL    |       |
| company_address | varchar(200) | NO   |     | NULL    |       |
+-----------------+--------------+------+-----+---------+-------+
3 rows in set (0.13 sec)
```

图 3-38　例 3-29 创建表执行结果

接下来，使用 ALTER 语句为 company_name 字段添加唯一约束，SQL 语句如下：

```
ALTER TABLE company MODIFY company_name VARCHAR(50) UNIQUE;
```

为了验证 company_name 字段的唯一约束是否添加成功，再次使用 DESC 语句查看 company 表的结构，执行结果如图 3-39 所示。

```
mysql> DESC company;
+-----------------+--------------+------+-----+---------+-------+
| Field           | Type         | Null | Key | Default | Extra |
+-----------------+--------------+------+-----+---------+-------+
| company_id      | int(11)      | NO   | PRI | NULL    |       |
| company_name    | varchar(50)  | YES  | UNI | NULL    |       |
| company_address | varchar(200) | NO   |     | NULL    |       |
+-----------------+--------------+------+-----+---------+-------+
3 rows in set (0.01 sec)
```

图 3-39　例 3-29 添加唯一约束执行结果

从图 3-39 可以看出，company_name 字段的 "Key" 列的值为 UNI，表示这个字段具有唯一约束。

3．删除唯一约束

语法格式如下：

```
ALTER TABLE 表名 DROP INDEX 字段名；
```

【例 3-30】删除 company 表的 company_name 字段的唯一约束。

SQL 语句如下：

```
ALTER TABLE company DROP INDEX company_name;
```

为了验证 company_name 字段的唯一约束是否删除成功，使用 DESC 语句查看 company 表的结构，执行结果如图 3-40 所示。

从图 3-40 可以看出，company_name 字段的 "Key" 列的值为空，表示这个字段已没有唯一约束。

```
mysql> DESC company;
+-----------------+--------------+------+-----+---------+-------+
| Field           | Type         | Null | Key | Default | Extra |
+-----------------+--------------+------+-----+---------+-------+
| company_id      | int(11)      | NO   | PRI | NULL    |       |
| company_name    | varchar(50)  | YES  |     | NULL    |       |
| company_address | varchar(200) | NO   |     | NULL    |       |
+-----------------+--------------+------+-----+---------+-------+
3 rows in set (0.01 sec)
```

图 3-40 例 3-30 执行结果

3.4.5 DEFAULT CONSTRAINT（默认约束）

若将数据表中某列定义为默认约束，在用户插入新的数据行时，如果没有为该列指定数据，那么数据库系统会自动将默认值赋给该列，默认值也可以是空值(NULL)。

1. 创建表时添加默认约束

语法格式如下：

字段名　数据类型　DEFAULT 默认值；

【例 3-31】创建 company 表，并将 company_id 字段设置为主键，company_address 字段设置为非空约束，company_name 字段设置为唯一约束，company_tel 字段的默认值为"0371-"，SQL 语句如下：

```
DROP TABLE IF EXISTS company;
CREATE TABLE company
(
company_id INT(11) PRIMARY KEY,
company_name VARCHAR(50) UNIQUE,
company_address VARCHAR(200) NOT NULL,
company_tel VARCHAR(20) DEFAULT '0371-'
);
```

执行上述命令，用 DESC 语句查看 company 表的结构，执行结果如图 3-41 所示。

```
mysql> DESC company;
+-----------------+--------------+------+-----+---------+-------+
| Field           | Type         | Null | Key | Default | Extra |
+-----------------+--------------+------+-----+---------+-------+
| company_id      | int(11)      | NO   | PRI | NULL    |       |
| company_name    | varchar(50)  | YES  | UNI | NULL    |       |
| company_address | varchar(200) | NO   |     | NULL    |       |
| company_tel     | varchar(20)  | YES  |     | 0371-   |       |
+-----------------+--------------+------+-----+---------+-------+
4 rows in set (0.01 sec)
```

图 3-41 例 3-31 执行结果

从图 3-41 可以看出，company_tel 字段的"Default"列的值为"0371-"，表示这个字段具有默认值"0371-"。

2. 为已存在的表添加默认约束

语法格式如下：

ALTER TABLE 表名 MODIFY 字段名 新数据类型 DEFAULT 默认值；

此命令可以同时修改字段的数据类型和增加默认约束。如果不修改字段的数据类型，将"新数据类型"写为字段原来的数据类型即可。

【例3-32】为company表的company_tel字段添加默认约束,默认值为"0371-"。

首先创建company表,SQL语句如下:

```
DROP TABLE company;
CREATE TABLE IF EXISTS company
(company_id INT(11) PRIMARY KEY,
company_name VARCHAR(50) UNIQUE,
company_address VARCHAR(200) NOT NULL,
company_tel VARCHAR(20) );
```

执行上述命令,用DESC语句查看company表的结构,执行结果如图3-42所示。

```
mysql> DESC company;
+-----------------+--------------+------+------+---------+-------+
| Field           | Type         | Null | Key  | Default | Extra |
+-----------------+--------------+------+------+---------+-------+
| company_id      | int(11)      | NO   | PRI  | NULL    |       |
| company_name    | varchar(50)  | YES  | UNI  | NULL    |       |
| company_address | varchar(200) | NO   |      | NULL    |       |
| company_tel     | varchar(20)  | YES  |      | NULL    |       |
+-----------------+--------------+------+------+---------+-------+
4 rows in set (0.02 sec)
```

图3-42 例3-32创建表执行结果

接下来,使用ALTER语句为company_tel字段添加默认约束,SQL语句如下:

```
ALTER TABLE company MODIFY company_tel VARCHAR(20) DEFAULT '0371-';
```

为了验证company_tel字段的默认约束是否添加成功,再次使用DESC语句查看company表的结构,执行结果如图3-43所示。

```
mysql> DESC company;
+-----------------+--------------+------+------+---------+-------+
| Field           | Type         | Null | Key  | Default | Extra |
+-----------------+--------------+------+------+---------+-------+
| company_id      | int(11)      | NO   | PRI  | NULL    |       |
| company_name    | varchar(50)  | YES  | UNI  | NULL    |       |
| company_address | varchar(200) | NO   |      | NULL    |       |
| company_tel     | varchar(20)  | YES  |      | 0371-   |       |
+-----------------+--------------+------+------+---------+-------+
4 rows in set (0.01 sec)
```

图3-43 例3-32添加默认约束执行结果

从图3-43可以看出,company_tel字段的"Default"列的值为"0371-",表示这个字段具有默认值"0371-"。

3. 删除默认约束

语法格式如下:

```
ALTER TABLE 表名 MODIFY 字段名 数据类型;
```

【例3-33】删除company表的company_tel字段的默认约束。

SQL语句如下:

```
ALTER TABLE company MODIFY company_tel VARCHAR(20);
```

为了验证 company_tel 字段的默认约束是否删除,使用 DESC 语句查看 company 表的结构,执行结果如图 3-44 所示。

```
mysql> DESC company;
+-----------------+--------------+------+-----+---------+-------+
| Field           | Type         | Null | Key | Default | Extra |
+-----------------+--------------+------+-----+---------+-------+
| company_id      | int(11)      | NO   | PRI | NULL    |       |
| company_name    | varchar(50)  | YES  | UNI | NULL    |       |
| company_address | varchar(200) | NO   |     | NULL    |       |
| company_tel     | varchar(20)  | YES  |     | NULL    |       |
+-----------------+--------------+------+-----+---------+-------+
4 rows in set (0.01 sec)
```

图 3-44 例 3-33 执行结果

从图 3-44 可以看出,company_tel 字段已经没有默认值了。

3.5 设置表的字段值自动增加

在数据库中,如果表的主键值是逐一增加的,我们希望在每次插入记录时由系统自动生成,这可以通过为表的主键添加 AUTO_INCREMENT 关键字来实现。

在 MySQL 中,AUTO_INCREMENT 字段的初始值是 1,每增加一条记录,字段值自动加 1,但一个表只能有一个字段使用 AUTO_INCREMENT 约束,且该字段必须设置为主键。AUTO_INCREMENT 约束所在的字段可以是任何整数类型(TINYINT、SMALLINT、INT、BIGINT)。

1. 创建表时指定字段值自动增加

语法格式如下:

```
字段名  数据类型  PRIMARY KEY AUTO_INCREMENT;
```

【例 3-34】创建 company 表,并将 company_id 字段设置为主键,其值自动增加,company_address 字段设置为非空约束,company_name 字段设置为唯一约束,company_tel 字段的默认值设置为"0371-"。

SQL 语句如下:

```
DROP TABLE IF EXISTS company;
CREATE TABLE company
(
company_id INT(11) PRIMARY KEY AUTO_INCREMENT,
company_name VARCHAR(50) UNIQUE,
company_address VARCHAR(200) NOT NULL,
company_tel VARCHAR(20) DEFAULT '0371-'
);
```

执行上述命令,用 DESC 语句查看 company 表的结构,执行结果如图 3-45 所示。

从图 3-45 可以看出,company_id 字段的"Extra"列的值为"auto_increment",表示这个字段值是自动增加的。系统会自动填入自动增加字段的值,用户在插入记录时不需要给出。

```
mysql> DESC company;
+----------------+--------------+------+-----+---------+----------------+
| Field          | Type         | Null | Key | Default | Extra          |
+----------------+--------------+------+-----+---------+----------------+
| company_id     | int(11)      | NO   | PRI | NULL    | auto_increment |
| company_name   | varchar(50)  | YES  | UNI | NULL    |                |
| company_address| varchar(200) | NO   |     | NULL    |                |
| company_tel    | varchar(20)  | YES  |     | 0371-   |                |
+----------------+--------------+------+-----+---------+----------------+
4 rows in set (0.01 sec)
```

图 3-45 例 3-34 执行结果

2. 为已存在的表设置字段值自动增加

语法格式如下：

ALTER TABLE 表名 MODIFY 字段名 新数据类型 AUTO_INCREMENT;

【例 3-35】设置 company 表的 company_id 字段值自动增加。

首先创建 company 表，SQL 语句如下：

```
DROP TABLE IF EXISTS company;
CREATE TABLE company
(
company_id INT(11) PRIMARY KEY,
company_name VARCHAR(50) UNIQUE,
company_address VARCHAR(200) NOT NULL,
company_tel VARCHAR(20) DEFAULT '0371-'
);
```

执行上述命令，用 DESC 语句查看 company 表的结构，执行结果如图 3-46 所示。

```
mysql> DESC company;
+----------------+--------------+------+-----+---------+-------+
| Field          | Type         | Null | Key | Default | Extra |
+----------------+--------------+------+-----+---------+-------+
| company_id     | int(11)      | NO   | PRI | NULL    |       |
| company_name   | varchar(50)  | YES  | UNI | NULL    |       |
| company_address| varchar(200) | NO   |     | NULL    |       |
| company_tel    | varchar(20)  | YES  |     | 0371-   |       |
+----------------+--------------+------+-----+---------+-------+
4 rows in set (0.01 sec)
```

图 3-46 例 3-35 创建表执行结果

接下来，使用 ALTER 语句将 company_id 字段设置为自动增加，SQL 语句如下：

ALTER TABLE company MODIFY company_id INT(11) AUTO_INCREMENT;

为了验证 company_id 字段值的自动增加是否添加成功，再次使用 DESC 语句查看 company 表的结构，执行结果如图 3-47 所示。

```
mysql> DESC company;
+----------------+--------------+------+-----+---------+----------------+
| Field          | Type         | Null | Key | Default | Extra          |
+----------------+--------------+------+-----+---------+----------------+
| company_id     | int(11)      | NO   | PRI | NULL    | auto_increment |
| company_name   | varchar(50)  | YES  | UNI | NULL    |                |
| company_address| varchar(200) | NO   |     | NULL    |                |
| company_tel    | varchar(20)  | YES  |     | 0371-   |                |
+----------------+--------------+------+-----+---------+----------------+
4 rows in set (0.01 sec)
```

图 3-47 例 3-35 字段设置自动增加执行结果

从图 3-47 可以看出，company_id 字段的"Extra"列的值为"auto_increment"，表示这个字段值是自动增加的。

3. 删除字段值的自动增加

语法格式如下：

```
ALTER TABLE 表名 MODIFY 字段名 数据类型;
```

【例 3-36】删除 company 表的 company_id 字段值的自动增加。
SQL 语句如下：

```
ALTER TABLE company MODIFY company_id INT(11);
```

为了验证 company_id 字段值的自动增加是否删除，使用 DESC 语句查看 company 表的结构，执行结果如图 3-48 所示。

```
mysql> DESC company;
+-----------------+--------------+------+-----+---------+-------+
| Field           | Type         | Null | Key | Default | Extra |
+-----------------+--------------+------+-----+---------+-------+
| company_id      | int(11)      | NO   | PRI | 0       |       |
| company_name    | varchar(50)  | YES  | UNI | NULL    |       |
| company_address | varchar(200) | NO   |     | NULL    |       |
| company_tel     | varchar(20)  | YES  |     | 0371-   |       |
+-----------------+--------------+------+-----+---------+-------+
4 rows in set (0.01 sec)
```

图 3-48 例 3-36 执行结果

从图 3-48 可以看出，company_id 字段的"Extra"列的值为空，表示这个字段值不再自动增加。

3.6 综合案例——学生选课数据库

本节以学生选课管理系统为例来介绍数据库的创建和数据表的设计。学生选课管理系统用来帮助高校学生选修课程。学生通过系统可以查看所有选修课程的相关信息，包括课程名、学时、学分，也可以查看相关授课老师的信息，包括教师姓名、性别、学历、职称，还可以通过系统查看自己的考试成绩。老师通过系统可以查看选修自己课程的学生的信息，包括学号、姓名、性别、出生日期、班级，也可以通过系统录入学生的考试成绩。

3.6.1 创建"学生选课"数据库

"学生选课"数据库的创建语句如下：

```
CREATE DATABASE 学生选课;
```

3.6.2 在"学生选课"数据库中创建表

根据学生选课管理系统的要求，在"学生选课"数据库中设计如下数据表：
（1）学生表的结构设计（如表 3-5 所示）

表 3-5 学生表（studentInfo）结构

列名	数据类型	允许 NULL 值	约束	备注
sno	CHAR(8)	不允许	主键	学号
sname	VARCHAR(10)	不允许		姓名
sgender	CHAR(2)			性别
sbirth	DATE			出生日期
sclass	VARCHAR(20)			班级

创建 studentInfo 表的 SQL 语句如下：

```
CREATE TABLE studentInfo
(
sno CHAR(8) PRIMARY KEY NOT NULL,
sname VARCHAR(10) NOT NULL,
sgender CHAR(2),
sbirth DATE,
sclass VARCHAR(20)
);
```

（2）教师表的结构设计（如表 3-6 所示）

表 3-6 教师表（teacher）结构

列名	数据类型	允许 NULL 值	约束	备注
tno	CHAR(4)	不允许	主键	工号
tname	VARCHAR(10)	不允许		姓名
tgender	CHAR(2)			性别
tedu	VARCHAR(10)			学历
tpro	VARCHAR(8)		默认为"讲师"	职称

创建 teacher 表的 SQL 语句如下：

```
CREATE TABLE teacher
(
tno CHAR(4) PRIMARY KEY NOT NULL,
tname VARCHAR(10) NOT NULL,
tgender CHAR(2),
tedu VARCHAR(10),
tpro VARCHAR(8) DEFAULT '讲师'
);
```

（3）课程表的结构设计（如表 3-7 所示）

表 3-7 课程表（course）结构

列名	数据类型	允许 NULL 值	约束	备注
cno	CHAR(4)	不允许	主键	课程号
cname	VARCHAR(40)		唯一约束	课程名

续表

列名	数据类型	允许 NULL 值	约束	备注
cperiod	INT			学时
credit	DECIMAL(3,1)			学分
ctno	CHAR(4)		是教师表的外键	授课教师工号

创建 course 表的 SQL 语句如下：

```
CREATE TABLE course
(
cno CHAR(4) PRIMARY KEY NOT NULL,
cname VARCHAR(40) UNIQUE,
cperiod INT,
credit DECIMAL(3,1),
ctno CHAR(4) ,
CONSTRAINT fk_teacher_course FOREIGN KEY(ctno) REFERENCES teacher(tno)
);
```

（4）选课表的结构设计（如表 3-8 所示）

表 3-8　选课表（elective）结构

列名	数据类型	允许 NULL 值	约束	备注
cno	CHAR(8)		主键（课程号，学号），其中课程号是课程表的外键，学号是学生表的外键	课程号
sno	CHAR(4)			学号
score	INT			成绩

创建 elective 表的 SQL 语句如下：

```
CREATE TABLE elective
(
sno CHAR(8),
cno CHAR(4),
score INT,
PRIMARY KEY (sno,cno),
CONSTRAINT fk_course_elective FOREIGN KEY(cno) REFERENCES course(cno),
CONSTRAINT fk_stu_elective FOREIGN KEY(sno) REFERENCES studentInfo(sno)
);
```

"学生选课"数据库创建完毕。

本章小结

- 数据库的基本操作：创建数据库、查看数据库、修改数据库、删除数据库。
- 数据表的基本操作：创建数据表、查看数据表、修改数据表、删除数据表。
- 四类数据类型：数值类型、日期/时间类型、字符串（字符）类型、二进制类型。

- MySQL 中的五种约束：PRIMARY KEY 约束、FOREIGN KEY 约束、NOT NULL 约束、UNIQUE 约束、DEFAUL 约束。

实训项目

项目 1：创建"网上书店"数据库

在安装好的 MySQL 中创建"网上书店"数据库。

项目 2：在"网上书店"数据库中创建表

目的：
（1）熟练掌握创建表结构的方法。
（2）掌握查看表信息的方法。

内容：
（1）使用 MySQL 创建会员表（如表 3-9 所示）、图书表（如表 3-10 所示）的表结构。
（2）使用 MySQL 创建图书类别表（如表 3-11 所示）、订购表（如表 3-12 所示）的表结构。
（3）使用 DROP TABLE 语句删除上述创建的表，然后使用 CREATE TABLE 语句再次创建上述表。
（4）查看会员表的信息。
（5）修改会员表结构。添加字段"联系地址"，数据类型设置为 VARCHAR(50)；更改"联系地址"为"联系方式"；删除添加的字段"联系地址"。
（6）使用创建表时添加约束和为已存在的表添加约束这两种方式给表添加约束。

表 3-9 会员表（user）结构

列名	数据类型	允许 NULL 值	约束	备注
uid	CHAR (4)	不允许	主键	会员编号
uname	VARCHAR(20)			会员昵称
email	VARCHAR(20)			电子邮箱
tnum	VARCHAR(15)			联系电话
score	INT			积分

表 3-10 图书表（book）结构

列名	数据类型	允许 NULL 值	约束	备注
bid	INT	不允许	主键	图书编号
bname	VARCHAR(50)	不允许		图书名称
author	CHAR(8)			作者
price	FLOAT			价格
publisher	VARCHAR(50)			出版社
discount	FLOAT			折扣
cid	INT		图书类别表的外键	图书类别

表 3-11 图书类别表（category）结构

列名	数据类型	允许 NULL 值	约束	备注
cid	INT	不允许	主键	类别编号
cname	VARCHAR(16)			类别名称

表 3-12 订购表（b_order）结构

列名	数据类型	允许 NULL 值	约束	备注
bid	INT	不允许		图书编号
uid	CHAR(4)	不允许		会员编号
ordernum	INT		默认值为 1	订购量
orderdate	DATETIME			订购日期
deliverydate	DATETIME			发货日期

课后习题

1. 简述主键的作用及其特征。
2. 创建、查看、修改、删除数据库的语句是什么？
3. 创建、查看、修改、删除数据表的语句是什么？
4. 数据表有哪些约束，写出为数据表添加约束的语句。

第 4 章

数据表记录的更新操作

本章目标:

- 掌握向数据表中添加记录的方法
- 掌握修改数据表中记录的方法
- 掌握删除数据表中记录的方法

成功创建数据表后，需要向表中插入数据，必要时还需要对数据进行修改和删除，这些操作称为数据表记录的更新操作。本章以"学生选课"数据库为例，讲解数据表记录的更新操作。

4.1 数据表记录的插入

通过 SQL 语句向数据表中插入新的数据可以使用 INSERT 语句，语法格式如下：

```
INSERT [INTO]表名[(字段名列表)]
VALUES ( { DEFAULT | NULL | 值 }[,…n] ) ;
```

参数说明如下。

（1）INTO：用在 INSERT 关键字与要插入数据的表名之间的关键字，可写可不写。

（2）字段名列表：指定要插入数据的字段名，可写可不写。如果不写字段名，表示要向表中的所有字段插入数据；如果写部分字段名，表示只为指定的字段插入数据，多个字段名之间用逗号隔开。

（3）{ DEFAULT | NULL | 值 }：大括号括起来的多个选项，表示必须选择其中之一。其中：
① DEFAULT：表示为某字段插入指定的默认值。
② NULL：表示为某字段插入空值。
③ 值：表示为某字段指定一个具有数据值的变量或表达式。

注意
向 CHAR、VARCHAR、DATE 类型的字段插入数据时，字段值要用英文半角单引号括起来。

4.1.1 向数据表中插入单条记录

【例 4-1】用 INSERT 语句为"学生选课"数据库中的 studentinfo 表添加一条记录：学号是 10101001，姓名是张永峰，性别是男，出生年月是 1993 年 8 月 1 日，所在班级是电子商务 101。

SQL 语句如下：

```
INSERT INTO studentinfo(sno,sname,sgender,sbirth,sclass)
VALUES('10101001','张永峰','男','1993-8-1','电子商务101');
```

执行结果如图 4-1 所示。

```
mysql> INSERT INTO studentinfo(sno, sname, sgender, sbirth, sclass)
    -> VALUES('10101001','张永峰','男','1993-8-1','电子商务101');
Query OK, 1 row affected (0.03 sec)
```

图 4-1 例 4-1 执行结果

注意
上述语句为数据表 studentinfo 的所有字段都指定了值，所以可以简写为如下语句：

```
INSERT INTO studentinfo
VALUES('10101001','张永峰','男','1993-8-1','电子商务101');
```

【例4-2】用INSERT语句向"学生选课"数据库中studentinfo表添加另一条记录:学号是10101002,姓名是何小丽,性别是女。

SQl语句如下:

```
INSERT INTO studentinfo(sno,sname,sgender)
VALUES('10101002','何小丽','女');
```

执行结果如图4-2所示。

```
mysql> INSERT INTO studentinfo(sno,sname,sgender)
    -> VALUES('10101002','何小丽','女');
Query OK, 1 row affected (0.03 sec)
```

图4-2 例4-2执行结果

注意

使用INSERT语句为部分字段添加值时,必须要在表名后写明为哪些字段添加值。表名后的字段名顺序可以与表中定义的字段顺序不一致,但需要与VALUES语句后面值的顺序一致。

4.1.2 向数据表中插入多条记录

有的时候,需要一次性向表中插入多条记录。MySQL提供了使用一条INSERT语句同时添加多条记录的功能。其语法格式如下:

```
INSERT [INTO]表名[(字段名列表)]
VALUES (值列表),(值列表),
……
(值列表);
```

【例4-3】用INSERT语句为"学生选课"数据库中的studentinfo表添加两条记录:第一条记录学号是10102001,姓名是王斌,性别是男,出生日期是"1991-7-14",所在班级是"网络技术101";第二条记录学号是10102003,姓名是孙平平,性别是女,出生日期是"1992-2-27",所在班级是"网络技术101"。

SQL语句如下:

```
INSERT INTO studentinfo
VALUES ('10102001','王斌','男','1991-7-14','网络技术101'),('10102003','孙平平','女','1992-2-27','网络技术101');
```

执行结果如图4-3所示。

```
mysql> INSERT INTO studentinfo
    -> VALUES ('10102001','王斌','男','1991-7-14','网络技术101'),
    -> ('10102003','孙平平','女','1992-2-27','网络技术101');
Query OK, 2 rows affected (0.04 sec)
Records: 2  Duplicates: 0  Warnings: 0
```

图4-3 例4-3执行结果

- INSERT 语句成功执行后，可以通过查询语句查看数据是否添加成功。
- 在添加多条记录时，可以不指定字段名列表，只需要保证 VALUES 语句后面的值是依照字段在表中定义的顺序排列的即可。
- 和添加单条记录一样，如果不指定字段名，必须为所有字段添加数据，如果指定了字段名，只需要为指定的字段添加数据即可。

4.2 数据表记录的修改

MySQL 中可以使用 UPDATE 语句来实现数据表记录的修改，语法格式如下：

```
UPDATE 表名
SET 字段名=value [,…]
[WHERE 条件表达式] ;
```

参数说明如下。

（1）value：为指定的字段赋予新值。新值可以是表达式或数据。

（2）WHERE 条件表达式：指定要修改记录的条件，可写可不写。如果不写条件，则表示要将所有记录指定字段的值修改成新的值；若写了条件，则只修改满足条件的记录的指定字段。

修改表记录时，需要注意表的唯一性约束和表与表之间的外键约束，否则可能会出现修改时报错的情况。

【例 4-4】在"学生选课"数据库中，把 studentinfo 表中 sclass 字段的值改为计算机。

SQL 语句如下：

```
UPDATE studentinfo
SET sclass='计算机';
```

执行结果如图 4-4 所示。

```
mysql> UPDATE studentinfo
    -> SET sclass='计算机';
Query OK, 10 rows affected (0.06 sec)
Rows matched: 10  Changed: 10  Warnings: 0
```

图 4-4 例 4-4 执行结果

有 10 行数据受影响，说明将 sclass 字段下的 10 个值全部改为了计算机。

【例 4-5】在"学生选课"数据库中，把 studentinfo 表中张宇的出生日期改为 1993 年 8 月 21 日。

SQL 语句如下：

```
UPDATE studentinfo
SET sbirth='1993-8-21'
WHERE sname='张宇';
```

执行结果如图 4-5 所示。

```
mysql> UPDATE studentinfo
    -> SET sbirth='1993-8-21'
    -> WHERE sname='张宇';
Query OK, 1 row affected (0.05 sec)
Rows matched: 1  Changed: 1  Warnings: 0
```

图 4-5　例 4-5 执行结果

注意

只有一行数据受影响，说明 sclass 字段下只有一条记录满足 WHERE 条件，所以只修改了这行数据的值。

4.3 数据表记录的删除

删除数据就是将数据表中不需要的记录删除掉。

4.3.1 使用 DELETE 删除数据

MySQL 中可以使用 DELETE 语句来实现数据表记录的删除，其语法格式如下：

```
DELETE [FROM]表名
[WHERE 条件表达式] ;
```

参数说明如下。

WHERE 条件表达式：指定表中要删除记录的条件，可写可不写。如果不写条件，则表示要清空指定的数据表；若写了条件，则只将满足条件的记录删除。

注意

删除表记录的时候，需要注意表与表之间的外键约束，否则可能会出现删除时报错的情况。

【例 4-6】在"学生选课"数据库中，删除张永峰同学的基本信息。
SQL 语句如下：

```
DELETE FROM studentinfo
WHERE sname='张永峰';
```

执行结果如图 4-6 所示。

```
mysql>
mysql> DELETE FROM studentinfo
    -> WHERE sname='张永峰';
Query OK, 1 row affected (0.03 sec)
```

图 4-6　例 4-6 执行结果

注意

只有一行数据受影响，说明只有张永峰同学的记录被删除了。

【例 4-7】在"学生选课"数据库中，删除数据表 studentinfo 中的所有记录。

SQL 语句如下：

DELETE FROM studentinfo;

执行结果如图 4-7 所示。

```
mysql> DELETE FROM studentinfo;
Query OK, 9 rows affected (0.07 sec)
```

图 4-7 例 4-7 执行结果

注意

9 行数据被影响，说明 studentinfo 表中的所有数据都被删除了，现在的 studentinfo 表就是一张空表。

4.3.2 使用 TRUNCATE 清空数据

在 MySQL 数据库中，还有一种方式可以删除表中所有的记录，这种方式需要用到 TRUNCATE 语句，其语法格式如下：

TRUNCATE [TABLE] 表名；

使用 TRUNCATE 语句清空数据表非常简单。例 4-7 也可以使用 TRUNCATE 语句来实现。

SQL 语句如下：

TRUNCATE TABLE studentinfo;

执行的效果和 DELETE 语句是一样的，如图 4-8 所示。

```
mysql> TRUNCATE TABLE studentinfo;
Query OK, 0 rows affected (0.04 sec)

mysql> SELECT * FROM studentinfo;
Empty set (0.00 sec)
```

图 4-8 使用 TRUNCATE 语句清空数据表的结果图

注意

TRUNCATE 语句和 DETELE 语句都能删除表中的所有数据，但两者也有一定的区别，下面对两者的区别进行说明。

（1）DELETE 语句是 DML 语句，TRUNCATE 语句通常被认为是 DDL 语句。

（2）DELETE 语句后面可以跟 WHERE 子句，通过指定 WHERE 子句中的条件表达式可以只删除满足条件的部分记录，而 TRUNCATE 语句只能删除表中的所有记录，不能加 WHERE 子句。

（3）使用 TRUNCATE 语句清空数据表后,AUTO_INCREMENT 计数器会被重置为初始值。而使用 DELETE 语句清空数据表后，AUTO_INCREMENT 计数器不会恢复为初始值。

本章小结

- 使用 SQL 语句对表中记录进行操作，包括添加记录、更新记录、删除记录。向表中添加记录时用 INSERT 语句，更新表中的记录时用 UPDATE 语句，删除表中的记录时用 DELETE 语句。清空数据表可以使用 DELETE 语句或者 TRUNCATE 语句。

实训项目

项目：在"网上书店"数据库的相关数据表中插入数据

目的：熟练掌握使用 INSERT、DELETE、UPDATE 语句向表中添加、删除、修改记录。

内容：

（1）"网上书店"数据库中的数据分别如表 4-1 至表 4-4 所示。

表 4-1 user 表数据

uid	uname	email	tnum	score
1001	何仙姑	Hxg18@163.com	13320101991	20
1002	平平人生	Lp011@126.com	13545158219	300
1003	四十不惑	12345@qq.com	18688168818	1000
1004	桃花岛主	810124@qq.com	13068011234	600
1005	水灵	zs123@371.cn	15838182503	150
1006	感动心灵	gandong@tom.com	13641151234	500

表 4-2 book 表数据

bid	bname	author	price	publisher	discount	cid
1	中国时代	师永刚	39.0	作家出版社	27.8	1
2	中国历史的屈辱	王重旭	26.0	华夏出版社	18.2	2
3	择业要趁早	海文	28.0	海天出版社	19.3	3
4	房间	爱玛	37.6	人民文学出版社	26.3	4
5	平凡的世界	路遥	75	北京出版社	63.75	4
6	心灵鸡汤	关然	27.0	大豫出版社	20.0	3
7	蛻	赵婷	32.0	上海出版社	28.5	3

表 4-3 category 表数据

cid	cname
1	历史
2	家教
3	文化
4	小说

表 4-4　b_order 表数据

uid	bid	ordernum	orderdate	deliverydate
1001	1	2	2016-03-12	
1001	3	1	2016-04-15	
1001	1	1	2016-09-15	
1003	7	1	2015-12-14	
1003	3	1	2016-10-10	
1005	5	1	2015-08-17	
1005	7	3	2016-11-12	
1006	5	1	2016-09-18	
1006	1	2	2016-10-21	
1006	7	2	2015-11-21	

（2）使用 SQL 语句分别向 user 表（表 4-1）、book 表（表 4-2）、category 表（表 4-3）、b_order 表（表 4-4）插入记录。

（3）使用 SQL 语句修改表中记录。

① 把 user 表中 uid 字段值为 1001 的记录的 uname 字段值修改为 "何大姑"。

② 把 b_order 表中 uid 字段值为 1003 且 bid 字段值为 3 的记录的 ordernum 字段值改为 "10"，并把该记录的 orderdate 字段值改为 "2016-10-01"，deliverydate 字段值设为 "2016-10-03"。

（4）使用 SQL 语句删除表中记录。

① 删除 2015 年的订单信息。

② 清空 book 表。

课后习题

1. 如何为数据表中自增类型的字段赋值？

2. INSERT 语句的用途是什么？如果在 INSERT 语句中列出了 6 个字段名，那么需要提供几个字段值？如果向一个无默认约束但有非空约束的字段中插入一个 NULL 值，结果会怎样？

3. 执行了 DELETE 语句后，表结构被删除了吗？

第 5 章 数据查询

本章目标：

- 熟练应用 SELECT 语句进行简单查询
- 掌握 SELECT 语句进行统计查询的方法
- 掌握 SELECT 语句进行子查询的方法
- 能够应用 SELECT 语句对多表进行连接、联合和嵌套查询数据查询是数据库系统应用的主要内容，也是用户对数据库最频繁、最常见的操作请求。数据查询可以根据用户提供的限定条件，从已存在的数据表中检索用户需要的数据。MySQL 使用 SELECT 语句从数据库中检索数据，并将结果集以表格的形式返回给用户。

5.1 SELECT 语句的基本语法

SELECT 语句是数据库操作最基本的语句之一，同时也是 SQL 编程技术中最常用的语句。使用 SELECT 语句不但可以从数据库中精确地查询信息，而且可以模糊地查找带有某项特征的多条数据。其基本语法如下所示：

```
SELECT  [ALL|DISTINCT]要查询的内容
FROM 表名列表
[WHERE 条件表达式]
[GROUP  BY 字段名列表[HAVING 逻辑表达式]]
[ORDER  BY 字段名[ASC|DESC]]
[LIMIT  [OFFSET,] n];
```

其中，关键字的说明如下。

（1）SELECT 要查询的内容："要查询的内容"可以是一个字段、多个字段，甚至是全部字段，还可以是表达式或函数。若是要查询部分字段，需要将各字段名用逗号分隔开，各字段名在 SELECT 子句中的顺序决定了它们在结果中显示的顺序。用"*"表示返回所有字段。

（2）ALL|DISTINCT：用来标识在查询结果集中对相同行的处理方式。默认值为 ALL。

① 关键字 ALL 表示返回查询结果集中的所有行，包括重复行。

② 关键字 DISTINCT 表示若查询结果集中有相同的行，则只显示一行。

（3）FROM 表名列表：指定用于查询的数据表的名称以及它们之间的逻辑关系。

（4）WHERE 条件表达式：用于指定数据查询的条件。

（5）GROUP BY 字段名列表：用来指定将查询结果根据什么字段分组。

（6）HAVING 逻辑表达式：用来指定对分组的过滤条件，选择出满足查询条件的分组记录集。

（7）ORDER BY 字段名[ASC|DESC]：用来指定查询结果集的排序方式。ASC 表示结果集按指定的字段以升序排列，DESC 表示结果集按指定的字段以降序排列。默认为 ASC。

（8）LIMIT [OFFSET,] n：用于限制查询结果的数量。LIMIT 后面可以跟两个参数，第一个参数"OFFSET"表示偏移量，如果偏移量为 0，则从查询结果的第一条记录开始显示，如果偏移量为 1，则从查询结果的第二条记录开始显示……依此类推。OFFSET 为可选值，如果不指定具体的值，则其默认值为 0。第二个参数"n"表示返回的查询记录的条数。

> **注意**
>
> - 在上述语法结构中，SELECT 查询语句共有 7 个子句，其中 SELECT 和 FROM 子句为必选子句，而 WHERE、GROUP BY、ORDER BY 和 LIMIT 子句为可选子句，HAVING 子句与 GROUP BY 子句联合使用，不能单独使用。
> - SELECT 子句既可以实现数据的简单查询、结果集的统计查询，也可以实现多表查询。

5.2 简单查询

5.2.1 基本查询

基本查询只包括两个部分。

```
SELECT [ALL|DISTINCT]要查询的内容
FROM 表名列表；
```

说明：

（1）SELECT 子句指定查询结果要输出的字段名。

（2）FROM 子句指定提供数据的表的名称。

【例 5-1】查询"学生选课"数据库的 studentinfo 表，输出所有学生的详细信息。

提示：查询结果要输出表或视图的特定字段时，要明确指出字段名，多个字段名之间用逗号分开。

对应的 SQL 语句如下：

```
SELECT sno,sname,sgender,sbirth,sclass
FROM studentinfo;
```

执行结果如图 5-1 所示。

```
mysql> SELECT sno,sname,sgender,sbirth,sclass
    -> FROM studentinfo;
+----------+--------+---------+---------------------+-------------+
| sno      | sname  | sgender | sbirth              | sclass      |
+----------+--------+---------+---------------------+-------------+
| 10101001 | 张永峰 | 男      | 1993-08-01 00:00:00 | 电子商务101 |
| 10101002 | 何小丽 | 女      | 1992-11-03 00:00:00 | 电子商务101 |
| 10101003 | 张宇   | 男      | 1992-08-21 00:00:00 | 电子商务101 |
| 10102001 | 王斌   | 男      | 1991-07-14 00:00:00 | 网络技术101 |
| 10102002 | 包玉明 | 男      | 1993-11-15 00:00:00 | 网络技术101 |
| 10102003 | 孙平平 | 女      | 1992-02-27 00:00:00 | 网络技术101 |
| 10102004 | 翁静静 | 女      | 1992-05-09 00:00:00 | 网络技术101 |
| 11101001 | 刘淑芳 | 女      | 1994-06-10 00:00:00 | 电子商务111 |
| 11101002 | 王亚旭 | 男      | 1993-03-18 00:00:00 | 电子商务111 |
| 11101003 | 高磊   | 男      | 1993-05-11 00:00:00 | 电子商务111 |
+----------+--------+---------+---------------------+-------------+
10 rows in set (0.03 sec)
```

图 5-1 例 5-1 执行结果

注意

- 在 SELECT 子句的查询字段列表中，字段的顺序是可以改变的，无需按照表中定义的顺序排列。例如，上述语句可以写为：

```
SELECT sname,sno,sgender,sbirth,sclass
FROM studentinfo;
```

执行结果如图 5-2 所示。

- 当要查询的内容是数据表中所有列的集合时，可以用符号"*"来代表所有字段名的集合。例如，上述语句可以写为：

```
SELECT * FROM studentinfo;
```

执行结果和图 5-1 是一样的。

```
mysql> SELECT sname,sno,sgender,sbirth,sclass
    -> FROM studentinfo;
+--------+----------+---------+------------+-------------+
| sname  | sno      | sgender | sbirth     | sclass      |
+--------+----------+---------+------------+-------------+
| 张永峰 | 10101001 | 男      | 1993-08-01 | 电子商务101 |
| 何小丽 | 10101002 | 女      | 1992-01-01 | 电子商务101 |
| 张宇   | 10101003 | 男      | 1992-08-21 | 电子商务101 |
| 王斌   | 10102001 | 男      | 1991-07-14 | 网络技术101 |
| 包玉明 | 10102002 | 男      | 1993-11-15 | 网络技术101 |
| 孙平平 | 10102003 | 女      | 1992-02-27 | 网络技术101 |
| 翁静静 | 10102004 | 女      | 1992-05-09 | 网络技术101 |
| 刘淑芳 | 11101001 | 女      | 1994-06-10 | 电子商务111 |
| 王亚旭 | 11101002 | 男      | 1993-03-18 | 电子商务111 |
| 高磊   | 11101003 | 男      | 1993-05-11 | 电子商务111 |
+--------+----------+---------+------------+-------------+
10 rows in set (0.00 sec)
```

图 5-2 在 SELECT 子句中改变 studentinfo 表字段顺序的查询结果

【例 5-2】查询"学生选课"数据库的 studentinfo 表，输出所有学生的学号和姓名。

提示：要从表中选择部分字段进行输出，则需要在 SELECT 后面给出所选字段的字段名，各字段名之间用逗号隔开。查询结果集中字段显示的顺序与 SELECT 子句中给出的字段顺序相同。

对应的 SQL 语句如下：

```
SELECT sno,sname
FROM studentinfo;
```

执行结果如图 5-3 所示。

图 5-3 例 5-2 执行结果

【例 5-3】查询"学生选课"数据库的 studentinfo 表，输出所有学生的学号、姓名，以及此次查询的日期和时间。

提示：可以使用 now()函数输出当前日期和时间。

对应的 SQL 语句如下：

```
SELECT sno,sname,now()
FROM studentinfo;
```

执行结果如图 5-4 所示。

图 5-4 例 5-3 执行结果

注 意

使用 SELECT 语句进行查询时，查询结果集中字段的名称与 SELECT 子句中字段的名称相同。也可以在 SELECT 语句中，让查询结果集显示新的字段名，称为字段的别名。指定返回字段的别名有两种方法：

（1）字段名 AS 别名

（2）字段名 别名

【例 5-4】查询"学生选课"数据库的 studentinfo 表，输出所有学生的学号、姓名、以及此次查询的日期和时间，并分别使用"学生学号""学生姓名""查询日期"作为别名。

对应的 SQL 语句如下：

```
SELECT sno 学生学号,sname AS 学生姓名, now() AS 查询日期
FROM studentinfo;
```

执行结果如图 5-5 所示。

图 5-5 例 5-4 执行结果

【例 5-5】查询"学生选课"数据库的 studentinfo 表，输出学生所在的班级，每个班级只输出一次。

提示：使用 DISTINCT 关键字可以消除查询结果集中的重复行。否则，查询结果集中将包括所有满足条件的行。

对应的 SQL 语句如下：

```
SELECT DISTINCT sclass
FROM studentinfo;
```

执行结果如图 5-6 所示。

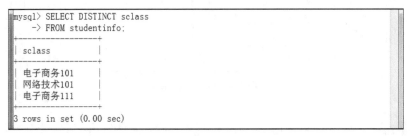

图 5-6　例 5-5 执行结果

5.2.2 使用 WHERE 子句

WHERE 子句可以指定查询条件，用以从数据表中筛选出满足条件的数据行。其语法格式如下：

```
SELECT [ALL|DISTINCT]要查询的内容
FROM 表名列表
WHERE 条件表达式；
```

WHERE 子句的条件表达式可以使用的运算符如表 5-1 所示。

表 5-1　条件表达式的运算符

运算符分类	运算符	说明
比较运算符	>、>=、=、<、<=、<>、!=、!>、!<	比较字段值的大小
范围运算符	BETWEEN…AND、NOT BETWEEN…AND	判断字段值是否在指定范围内
列表运算符	IN、NOT IN	判断字段值是否在指定的列表中
模式匹配运算符	LIKE、NOT LIKE	判断字段值是否和指定的模式字符串匹配
空值判断运算符	IS NULL、IS NOT NULL	判断字段值是否为空
逻辑运算符	AND、OR、NOT	用于多个条件表达式的逻辑连接

1. 比较运算符的使用

【例 5-6】查询"学生选课"数据库的 studentinfo 表，输出"网络技术 101"班学生的详细信息。

对应的 SQL 语句如下：

```
SELECT *
FROM studentinfo
WHERE sclass= '网络技术 101';
```

执行结果如图 5-7 所示。

```
mysql>   SELECT *
    ->   FROM studentinfo
    ->   WHERE sclass='网络技术101';
+----------+--------+---------+---------------------+------------+
| sno      | sname  | sgender | sbirth              | sclass     |
+----------+--------+---------+---------------------+------------+
| 10102001 | 王斌   | 男      | 1991-07-14 00:00:00 | 网络技术101 |
| 10102002 | 包玉明 | 男      | 1993-11-15 00:00:00 | 网络技术101 |
| 10102003 | 孙平平 | 女      | 1992-02-27 00:00:00 | 网络技术101 |
| 10102004 | 翁静静 | 女      | 1992-05-09 00:00:00 | 网络技术101 |
+----------+--------+---------+---------------------+------------+
4 rows in set (0.00 sec)
```

图 5-7　例 5-6 执行结果

2. 范围运算符的使用

【例 5-7】查询"学生选课"数据库的 studentinfo 表，输出 1992 年出生的学生的详细信息。对应的 SQL 语句如下：

```
SELECT *
FROM studentinfo
WHERE sbirth BETWEEN '1992-1-1' AND '1992-12-31';
```

执行结果如图 5-8 所示。

```
mysql>   SELECT *
    ->   FROM studentinfo
    ->   WHERE sbirth BETWEEN '1992-1-1' AND '1992-12-31';
+----------+--------+---------+---------------------+------------+
| sno      | sname  | sgender | sbirth              | sclass     |
+----------+--------+---------+---------------------+------------+
| 10101002 | 何小丽 | 女      | 1992-11-03 00:00:00 | 电子商务101 |
| 10101003 | 张宇   | 男      | 1992-08-21 00:00:00 | 电子商务101 |
| 10102003 | 孙平平 | 女      | 1992-02-27 00:00:00 | 网络技术101 |
| 10102004 | 翁静静 | 女      | 1992-05-09 00:00:00 | 网络技术101 |
+----------+--------+---------+---------------------+------------+
4 rows in set (0.00 sec)
```

图 5-8　例 5-7 执行结果

注意

日期和时间类型是一个特殊的数据类型，它不仅可以作为一个连续的范围使用 BETWEEN…AND 运算符，还可以进行加、减以及比较大小操作。上例还可以写成如下形式：
```
SELECT *
FROM studentinfo
WHERE sbirth>='1992-1-1' AND sbirth <= '1992-12-31';
```
其执行结果和图 5-8 是一样的。

3. 列表运算符的使用

【例 5-8】查询"学生选课"数据库的 studentinfo 表，输出学号为 10101001、10102001、11101001 的学生的详细信息。

对应的 SQL 语句如下：

```
SELECT *
FROM studentinfo
WHERE sno IN ('10101001', '10102001', '11101001');
```

执行结果如图 5-9 所示。

```
mysql> SELECT *
    -> FROM studentinfo
    -> WHERE sno IN ('10101001', '10102001', '11101001');
+----------+--------+---------+---------------------+-------------+
| sno      | sname  | sgender | sbirth              | sclass      |
+----------+--------+---------+---------------------+-------------+
| 10101001 | 张永峰 | 男      | 1993-08-01 00:00:00 | 电子商务101 |
| 10102001 | 王斌   | 男      | 1991-07-14 00:00:00 | 网络技术101 |
| 11101001 | 刘淑芳 | 女      | 1994-06-10 00:00:00 | 电子商务111 |
+----------+--------+---------+---------------------+-------------+
3 rows in set (0.00 sec)
```

图 5-9 例 5-8 执行结果

4．模式匹配运算符的使用

在指定的条件不是很明确的情况下，可以使用 LIKE 运算符与模式字符串进行匹配运算。其语法格式如下：

```
字段名[NOT] LIKE'模式字符串'
```

参数说明如下。

（1）字段名：指明要进行匹配的字段。字段的数据类型可以是字符串类型或日期和时间类型。

（2）模式字符串：可以是一般的字符串，也可以是包含通配符的字符串。通配符的种类如表 5-2 所示。

表 5-2 通配符

通配符	含义
%	匹配任意长度（0个或多个）的字符串
_	匹配任意单个字符

通配符和字符串必须括在单引号中。例如：表达式"LIKE 'a%'"匹配以字母 a 开头的字符串；表达式"LIKE '%101'"匹配以 101 结尾的字符串；表达式"LIKE'_学%'"匹配第 2 个字符为"学"的字符串。

如果要查找的字符串本身就包括通配符，可以用符号"\"将通配符转义为普通字符。例如：表达式"LIKE 'A_'"表示要匹配的字符串长度为 2，且第 1 个字符为 A，第 2 个字符为"_"。

【例 5-9】查询"学生选课"数据库的 studentinfo 表，输出姓"张"的学生的详细信息。

对应的 SQL 语句如下：

```
SELECT *
FROM studentinfo
WHERE sname LIKE '张%';
```

执行结果如图 5-10 所示。

```
mysql> SELECT *
    -> FROM studentinfo
    -> WHERE sname LIKE '张%';
+----------+--------+---------+---------------------+------------+
| sno      | sname  | sgender | sbirth              | sclass     |
+----------+--------+---------+---------------------+------------+
| 10101001 | 张永峰 | 男      | 1993-08-01 00:00:00 | 电子商务101 |
| 10101003 | 张宇   | 男      | 1992-08-21 00:00:00 | 电子商务101 |
+----------+--------+---------+---------------------+------------+
2 rows in set (0.00 sec)
```

图 5-10　例 5-9 执行结果

5. 空值判断运算符的使用

IS [NOT] NULL 运算符用于判断指定字段的值是否为空值。对于空值判断，不能使用比较运算符或模式匹配运算符。

【例 5-10】查询"学生选课"数据库的 elective 表，输出没有成绩的学生的信息。

对应的 SQL 语句如下：

```
SELECT *
FROM elective
WHERE score IS NULL;
```

执行结果如图 5-11 所示。

```
mysql> SELECT *
    -> FROM elective
    -> WHERE score IS NULL;
+----------+------+-------+
| sno      | cno  | score |
+----------+------+-------+
| 10102003 | c004 | NULL  |
| 11101002 | c002 | NULL  |
+----------+------+-------+
2 rows in set (0.00 sec)
```

图 5-11　例 5-10 执行结果

6. 逻辑运算符的使用

查询条件可以是一个条件表达式，也可以是多个条件表达式的组合。逻辑运算符能够连接多个条件表达式，构成一个复杂的查询条件。逻辑运算符包括：AND（逻辑与）、OR（逻辑或）、NOT（逻辑非）。

（1）AND：连接两个条件表达式。当且仅当两个条件表达式都成立，组合起来的条件才成立。

（2）OR：连接两个条件表达式。两个条件表达式之一成立，组合起来的条件就成立。

（3）NOT：连接一个条件表达式。对给定条件取反。

【例 5-11】查询"学生选课"数据库的 studentinfo 表，输出姓"王"且是"电子商务111"班的学生的信息。

对应的 SQL 语句如下：

```
SELECT *
FROM studentinfo
WHERE sname LIKE '王%' AND sclass = '电子商务111';
```

执行结果如图 5-12 所示。

```
mysql> SELECT *
    -> FROM studentinfo
    -> WHERE sname LIKE '王%' AND sclass = '电子商务111';
+----------+--------+---------+---------------------+------------+
| sno      | sname  | sgender | sbirth              | sclass     |
+----------+--------+---------+---------------------+------------+
| 11101002 | 王亚旭 | 男      | 1993-03-18 00:00:00 | 电子商务111 |
+----------+--------+---------+---------------------+------------+
1 row in set (0.00 sec)
```

图 5-12　例 5-11 执行结果

【例 5-12】查询"学生选课"数据库的 studentinfo 表，输出姓"王"或者是"电子商务 111"班的学生的信息。

对应的 SQL 语句如下：

```
SELECT *
FROM studentinfo
WHERE sname LIKE '王%' OR sclass = '电子商务111';
```

执行结果如图 5-13 所示。

注意

AND 运算符的优先级高于 OR 运算符，因此两个运算符一起使用时，应该先处理 AND 运算符两边的条件表达式，再处理 OR 运算符两边的条件表达式。

```
mysql> SELECT *
    -> FROM studentinfo
    -> WHERE sname LIKE '王%' OR sclass = '电子商务111';
+----------+--------+---------+---------------------+------------+
| sno      | sname  | sgender | sbirth              | sclass     |
+----------+--------+---------+---------------------+------------+
| 10102001 | 王斌   | 男      | 1991-07-14 00:00:00 | 网络技术101 |
| 11101001 | 刘淑芳 | 女      | 1994-06-10 00:00:00 | 电子商务111 |
| 11101002 | 王亚旭 | 男      | 1993-03-18 00:00:00 | 电子商务111 |
| 11101003 | 高磊   | 男      | 1993-05-11 00:00:00 | 电子商务111 |
+----------+--------+---------+---------------------+------------+
4 rows in set (0.02 sec)
```

图 5-13　例 5-12 执行结果

【例 5-13】查询"学生选课"数据库的 studentinfo 表，输出不是 1992 年出生的学生的信息。

提示：要得到指定日期类型数据的年份，可以使用函数 YEAR()。

对应的 SQL 语句如下：

```
SELECT *
FROM studentinfo
WHERE NOT(YEAR(sbirth)=1992);
```

执行结果如图 5-14 所示。

```
mysql> SELECT *
    -> FROM studentinfo
    -> WHERE NOT(YEAR(sbirth)=1992);
+---------+--------+---------+---------------------+-----------+
| sno     | sname  | sgender | sbirth              | sclass    |
+---------+--------+---------+---------------------+-----------+
| 10101001| 张永峰 | 男      | 1993-08-01 00:00:00 | 电子商务101|
| 10102001| 王斌   | 男      | 1991-07-14 00:00:00 | 网络技术101|
| 10102002| 包玉明 | 男      | 1993-11-15 00:00:00 | 网络技术101|
| 11101001| 刘淑芳 | 女      | 1994-06-10 00:00:00 | 电子商务111|
| 11101002| 王亚旭 | 男      | 1993-03-18 00:00:00 | 电子商务111|
| 11101003| 高磊   | 男      | 1993-05-11 00:00:00 | 电子商务111|
+---------+--------+---------+---------------------+-----------+
6 rows in set (0.00 sec)
```

图 5-14 例 5-13 执行结果

5.2.3 使用 ORDER BY 子句

在查询结果集中，数据行是按照它们在表中的顺序进行排列的。我们可以使用 ORDER BY 子句对查询结果集中的数据行依照指定字段的值重新排列。其语法格式如下：

```
SELECT [ALL|DISTINCT]要查询的内容
FROM 表名列表
[WHERE 条件表达式]
ORDER BY 字段名[ASC|DESC];
```

说明：

（1）可以规定数据行按升序排列（使用参数 ASC），也可以规定数据行按降序排列（使用参数 DESC），默认参数为 ASC。

（2）可以在 ORDER BY 子句中指定多个字段，查询结果首先按照第一个字段的值排序，第一个字段的值相同的数据行，再按照第二个字段的值排序，依次类推。

（3）ORDER BY 子句要写在 WHERE 子句的后面。

【例 5-14】查询"学生选课"数据库的 elective 表，输出选修了 c001 号课程的学生信息，并将查询结果按成绩的降序排序。

对应的 SQL 语句如下：

```
SELECT *
FROM elective
WHERE cno= 'c001'
ORDER BY score DESC;
```

执行结果如图 5-15 所示。

```
mysql> SELECT * FROM elective WHERE cno='c001' ORDER BY score DESC;
+----------+------+-------+
| sno      | cno  | score |
+----------+------+-------+
| 10102003 | c001 |    85 |
| 10101002 | c001 |    78 |
| 10101001 | c001 |    73 |
| 11101002 | c001 |    67 |
| 10102001 | c001 |    50 |
| 11101001 | c001 |    49 |
+----------+------+-------+
6 rows in set (0.00 sec)
```

图 5-15　例 5-14 执行结果

5.2.4　使用 LIMIT 子句

使用 LIMIT 子句可以指定查询结果从哪一条记录开始，一共查询多少条记录。其语法格式如下：

```
SELECT [ALL|DISTINCT]要查询的内容
FROM 表名列表
[WHERE 条件表达式]
[ORDER BY 字段名[ASC|DESC]]
LIMIT [OFFSET,] n;
```

LIMIT 子句接受一个或两个整数参数。其中 OFFSET 代表从第几行记录开始检索，n 代表检索多少行记录。需要注意的是，OFFSET 可以省略不写，默认取值为 0，代表从第一行记录开始检索。

【例 5-15】查询"学生选课"数据库的 studentinfo 表，输出前三条学生记录的信息。

对应的 SQL 语句如下：

```
SELECT *
FROM studentinfo
LIMIT 3;
```

执行结果如图 5-16 所示。

```
mysql> SELECT *
    -> FROM studentinfo
    -> LIMIT 3;
+----------+--------+---------+---------------------+------------+
| sno      | sname  | sgender | sbirth              | sclass     |
+----------+--------+---------+---------------------+------------+
| 10101001 | 张永峰 | 男      | 1993-08-01 00:00:00 | 电子商务101 |
| 10101002 | 何小丽 | 女      | 1992-11-03 00:00:00 | 电子商务101 |
| 10101003 | 张宇   | 男      | 1992-08-21 00:00:00 | 电子商务101 |
+----------+--------+---------+---------------------+------------+
3 rows in set (0.00 sec)
```

图 5-16　例 5-15 执行结果

【例 5-16】查询"学生选课"数据库的 studentinfo 表，输出表中第五行学生记录的信息。

对应的 SQL 语句如下：

```
SELECT *
FROM studentinfo
```

```
    LIMIT 4,1;
```

执行结果如图 5-17 所示。

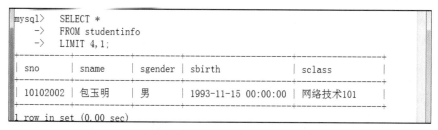

图 5-17　例 5-16 执行结果

5.3　统计查询

SELCET 语句可以通过集合函数和 GROUP BY 子句、HAVING 子句的组合对查询结果集进行求和、求平均值、求最大值、求最小值、分组等统计查询。

5.3.1　集合函数

集合函数用于对查询结果集中的指定字段进行统计，并输出统计值。常用的集合函数如表 5-3 所示。

表 5-3　集合函数

集 合 函 数	功 能 描 述
COUNT([DISTINCT|ALL]字段|*)	计算指定字段中值的个数。COUNT(*)返回满足条件的行数，包括含有空值的行，不能与 DISTINCT 一起使用
SUM([DISTINCT|ALL]字段)	计算指定字段中数据的总和（此字段为数值类型）
AVG([DISTINCT|ALL]字段)	计算指定字段中数据的平均值（此字段为数值类型）
MAX([DISTINCT|ALL]字段)	计算指定字段中数据的最大值
MIN([DISTINCT|ALL]字段)	计算指定字段中数据的最小值

（1）ALL 为默认选项，表示计算所有的值。
（2）DISTINCT 选项则表示去掉重复值后再计算。

【例 5-17】查询"学生选课"数据库的 studentinfo 表，统计学生总人数。

提示：统计学生总人数，就是统计学生表中的数据的行数。

对应的 SQL 语句如下：

```
SELECT COUNT(*) AS 学生总人数
FROM studentinfo;
```

执行结果如图 5-18 所示。

【例 5-18】查询"学生选课"数据库的 elective 表，统计选修了 c003 号课程的学生人数、总成绩、平均分、最高分和最低分。

```
mysql>  SELECT COUNT(*) AS 学生总人数
    ->  FROM studentinfo;
+------------+
| 学生总人数 |
+------------+
|         10 |
+------------+
1 row in set (0.00 sec)
```

图 5-18　例 5-17 执行结果

对应的 SQL 语句如下：

```
SELECT COUNT(*) AS 学生人数,SUM(score) AS 总成绩,
AVG(score) 平均分,MAX(score)  最高分,MIN(score)  最低分
FROM elective
WHERE cno='c003';
```

执行结果如图 5-19 所示。

```
mysql> SELECT COUNT(*) AS 学生人数,SUM(score) AS 总成绩,
    ->    AVG(score) 平均分,MAX(score) 最高分,MIN(score) 最低分
    -> FROM elective
    -> WHERE cno='c003';
+----------+--------+---------+--------+--------+
| 学生人数 | 总成绩 | 平均分  | 最高分 | 最低分 |
+----------+--------+---------+--------+--------+
|        5 |    402 | 80.4000 |     95 |     67 |
+----------+--------+---------+--------+--------+
1 row in set (0.00 sec)
```

图 5-19　例 5-18 执行结果

5.3.2　使用 GROUP BY 子句

上述示例所进行的查询都是针对整个查询结果集进行的，而 GROUP BY 子句用于对查询结果集按指定字段的值进行分组，字段值相同的放在一组。集合函数和 GROUP BY 子句配合使用，可以对查询结果集进行分组统计。其语法格式如下：

```
SELECT   [ALL|DISTINCT]要查询的内容
FROM 表名列表
[WHERE 条件表达式]
GROUP  BY 字段名列表[HAVING 条件表达式];
```

> **注意**
>
> 使用 GROUP BY 子句进行分组统计时，SELECT 子句要查询的字段只能是以下两种情况。
> （1）字段应用了集合函数。
> （2）未应用集合函数的字段必须包含在 GROUP BY 子句中。

【例 5-19】查询 studentinfo 表，分别统计男女生人数。

对应的 SQL 语句如下：

```
SELECT sgender,COUNT(*) AS 人数
FROM studentinfo
```

```
GROUP BY sgender;
```

执行结果如图 5-20 所示。

```
mysql> SELECT sgender,COUNT(*) AS 人数
    -> FROM studentinfo
    -> GROUP BY sgender;
+---------+------+
| sgender | 人数 |
+---------+------+
| 女      |    4 |
| 男      |    6 |
+---------+------+
2 rows in set (0.00 sec)
```

图 5-20　例 5-19 执行结果

【例 5-20】查询 elective 表，统计并输出每个学生所选课程数目及平均分。

对应的 SQL 语句如下：

```
SELECT sno,COUNT(cno) AS 选修课程数目,AVG(score) AS 平均分
FROM elective
GROUP BY sno;
```

执行结果如图 5-21 所示。

```
mysql> SELECT sno,COUNT(cno) AS 选修课程数目,AVG(score) AS 平均分
    -> FROM elective
    -> GROUP BY sno;
+----------+--------------+---------+
| sno      | 选修课程数目 | 平均分  |
+----------+--------------+---------+
| 10101001 |            3 | 68.3333 |
| 10101002 |            1 | 78.0000 |
| 10101003 |            1 | 69.0000 |
| 10102001 |            1 | 50.0000 |
| 10102002 |            3 | 79.3333 |
| 10102003 |            4 | 76.6667 |
| 11101001 |            3 | 59.3333 |
| 11101002 |            2 | 67.0000 |
| 11101003 |            3 | 86.6667 |
+----------+--------------+---------+
9 rows in set (0.00 sec)
```

图 5-21　例 5-20 执行结果

【例 5-21】查询 elective 表，统计并输出每门课程所选学生人数及最高分。

对应的 SQL 语句如下：

```
SELECT cno,COUNT(sno) AS 所选学生人数,MAX(score) AS 最高分
FROM elective
GROUP BY cno;
```

执行结果如图 5-22 所示。

GROUP BY 子句常和 HAVING 子句配合使用。HAVING 子句用于对分组后的结果进行条件筛选，HAVING 子句只能出现在 GROUP BY 子句后。

```
mysql> SELECT cno,COUNT(sno) AS 所选学生人数,MAX(score) AS 最高分
    -> FROM elective
    -> GROUP BY cno;
+------+------------------+--------+
| cno  | 所选学生人数     | 最高分 |
+------+------------------+--------+
| c001 |                6 |     85 |
| c002 |                5 |     88 |
| c003 |                5 |     95 |
| c004 |                5 |     82 |
+------+------------------+--------+
4 rows in set (0.01 sec)
```

图 5-22 例 5-21 执行结果

WHERE 子句和 HAVING 子句的区别如下。

（1）WHERE 子句设置的查询筛选条件在 GROUP BY 子句之前发生作用，并且条件中不能使用集合函数。

（2）HAVING 子句设置的查询筛选条件在 GROUP BY 子句之后发生作用，并且条件中允许使用集合函数。

当一个语句中同时出现了 WHERE 子句、GROUP BY 子句和 HAVING 子句，执行顺序如下。

（1）执行 WHERE 子句，从数据表中选取满足条件的数据行。

（2）由 GROUP BY 子句对选取的数据行进行分组。

（3）执行集合函数。

（4）执行 HAVING 子句，选取满足条件的分组。

【例 5-22】查询 elective 表中每门课成绩都在 70～90 分的学生的学号。

对应的 SQL 语句如下：

```
SELECT sno AS 每门成绩都在70—90之间的学生
FROM elective
GROUP BY sno
HAVING MIN(score)>=70 AND MAX(score)<=90;
```

执行结果如图 5-23 所示。

图 5-23 例 5-22 执行结果

【例 5-23】查询至少选修了三门课程的学生的学号。

对应的 SQL 语句如下：

```
SELECT sno,count(*) 选修课程数
FROM elective
GROUP BY sno
HAVING count(*)>=3;
```

执行结果如图 5-24 所示。

图 5-24　例 5-23 执行结果

5.4　多表查询

在实际查询中，很多情况下用户需要的数据并不全在一个表中，而是存在于多个不同的表中，这时就要使用多表查询。多表查询是通过各个表之间的共同列的相关性来查询数据的。多表查询首先要在这些表中建立连接，再在连接生成的结果集基础上进行筛选。

多表查询语法格式：

```
SELECT [表名.]目标字段表达式[AS 别名],…
FROM 左表名[AS 别名]连接类型 右表名[AS 别名]
ON 连接条件
[WHERE 条件表达式];
```

其中，连接类型以及运算符有以下几种。

（1）CROSS JOIN：交叉连接

（2）INNER JOIN 或 JOIN：内连接

（3）LEFT JOIN 或 LEFT OUTER JOIN：左外连接

（4）RIGHT JOIN 或 RIGHT OUTER JOIN：右外连接

（5）FULL JOIN 或 FULL OUTER JOIN：完全连接

为了便于理解各种类型的连接运算，现假设有两个表 R 和 S，R 和 S 中存储的数据如图 5-25 所示。

R

A	B	C
1	2	3
4	5	6

S

A	D
1	2
3	4
5	6

图 5-25　示例表 R 和 S 的数据

5.4.1　交叉连接

交叉连接就是将要连接的两个表的所有行进行组合，也就是将第一个表的所有行分别与第二个表的每个行连接形成一个新的行。连接后生成的结果集的行数等于两个表的行数的乘积，字段个数等于两个表的字段个数的和。其语法格式如下所示：

```
SELECT 字段名列表
FROM 表名1 CROSS JOIN 表名2;
```

图 5-25 中的表 R 和表 S 进行交叉连接的结果集如图 5-26 所示。

R CROSS JOIN S

A	B	C	A	D
1	2	3	1	2
1	2	3	3	4
1	2	3	5	6
4	5	6	1	2
4	5	6	3	4
4	5	6	5	6

图 5-26 表 R 和表 S 交叉连接的结果集

> **注意**
>
> 交叉连接的结果集称为笛卡儿积，笛卡儿积在实际应用中一般是没有任何意义的。

【例 5-24】对 course 表和 teacher 表进行交叉连接，观察交叉连接后的结果集。

对应的 SQL 语句如下：

```
SELECT *
FROM course CROSS JOIN teacher;
```

执行结果如图 5-27 所示。

```
mysql> SELECT *
    -> FROM course CROSS JOIN teacher;
+-----+--------------+---------+--------+------+------+--------+---------+-----------+
| cno | cname        | cperiod | credit | ctno | tno  | tname  | tgender | tedu      |
+-----+--------------+---------+--------+------+------+--------+---------+-----------+
| c001| 文学欣赏     | 40      | 1.5    | t001 | t001 | 吴亚飞 | 男      | 本科      |
| c002| 中国历史文化 | 60      | 2.0    | t003 | t001 | 吴亚飞 | 男      | 本科      |
| c003| 视频编辑     | 70      | 2.5    | t002 | t001 | 吴亚飞 | 男      | 本科      |
| c004| 音乐欣赏     | 40      | 1.5    | t005 | t001 | 吴亚飞 | 男      | 本科      |
| c001| 文学欣赏     | 40      | 1.5    | t001 | t002 | 李琦   | 男      | 硕士研究生|
| c002| 中国历史文化 | 60      | 2.0    | t003 | t002 | 李琦   | 男      | 硕士研究生|
| c003| 视频编辑     | 70      | 2.5    | t002 | t002 | 李琦   | 男      | 硕士研究生|
| c004| 音乐欣赏     | 40      | 1.5    | t005 | t002 | 李琦   | 男      | 硕士研究生|
| c001| 文学欣赏     | 40      | 1.5    | t001 | t003 | 王艳红 | 女      | 硕士研究生|
| c002| 中国历史文化 | 60      | 2.0    | t003 | t003 | 王艳红 | 女      | 硕士研究生|
| c003| 视频编辑     | 70      | 2.5    | t002 | t003 | 王艳红 | 女      | 硕士研究生|
| c004| 音乐欣赏     | 40      | 1.5    | t005 | t003 | 王艳红 | 女      | 硕士研究生|
| c001| 文学欣赏     | 40      | 1.5    | t001 | t004 | 马志超 | 男      | 博士研究生|
| c002| 中国历史文化 | 60      | 2.0    | t003 | t004 | 马志超 | 男      | 博士研究生|
| c003| 视频编辑     | 70      | 2.5    | t002 | t004 | 马志超 | 男      | 博士研究生|
| c004| 音乐欣赏     | 40      | 1.5    | t005 | t004 | 马志超 | 男      | 博士研究生|
| c001| 文学欣赏     | 40      | 1.5    | t001 | t005 | 万丽   | 女      | 硕士研究生|
| c002| 中国历史文化 | 60      | 2.0    | t003 | t005 | 万丽   | 女      | 硕士研究生|
| c003| 视频编辑     | 70      | 2.5    | t002 | t005 | 万丽   | 女      | 硕士研究生|
| c004| 音乐欣赏     | 40      | 1.5    | t005 | t005 | 万丽   | 女      | 硕士研究生|
+-----+--------------+---------+--------+------+------+--------+---------+-----------+
20 rows in set (0.00 sec)
```

图 5-27 例 5-24 执行结果

course 表是 4 行 5 列的表，teacher 表是 5 行 5 列的表。这两张表进行交叉连接形成的就是 20 行 10 列的表。但可以看出来，这张表是没有实际意义的。

5.4.2 内连接

内连接是指用比较运算符设置连接条件，只返回满足连接条件的数据行，是将交叉连接生成的结果集按照连接条件进行筛选后形成的。

内连接有以下两种语法格式：

```
SELECT 字段名列表
FROM 表名 1 [INNER] JOIN 表名 2
ON 表名 1.字段名 比较运算符 表名 2.字段名;
```

或者

```
SELECT 字段名列表
FROM 表名 1, 表名 2
WHERE 表名 1.字段名 比较运算符 表名 2.字段名;
```

内连接包括 3 种类型：等值连接、非等值连接和自然连接。

（1）等值连接：在连接条件中使用等号（=）比较运算符来比较连接字段的值，其查询结果中包含被连接表的所有字段，包括重复字段。在等值连接中，两个表的连接条件通常采用"表 1.主键字段=表 2.外键字段"的形式。

（2）非等值连接：在连接条件中使用了除等号之外的比较运算符（>、<、>=、<=、!=）来比较连接字段的值。

（3）自然连接：与等值连接相同，都是在连接条件中使用比较运算符，但结果集中不包括重复字段。

表 R 和表 S 进行等值连接、非等值连接和自然连接的结果集如图 5-28 所示。

R JOIN S (R.A=S.A)

R.A	B	C	S.A	D
1	2	3	1	2

（等值连接）

R JOIN S (R.A>S.A)

R.A	B	C	S.A	D
4	5	6	1	2
4	5	6	3	4

（非等值连接）

R JOIN S

R.A	B	C	D
1	2	3	2

（自然连接）

图 5-28 表 R 和表 S 内连接的结果集

在上述语法格式中，如果要输出的字段是表 1 和表 2 都有的字段，则必须在输出的字段名前加上表名进行区分，用"表名.字段名"来表示。如果表名太长，可以给表名定义一个简短的别名，这样在 SELECT 语句的输出字段名和连接条件中，用到表名的地方都可以用别名来代替。

【例 5-25】查询"学生选课"数据库，输出考试成绩不及格学生的学号、姓名、课程号、成绩。

提示：需要输出四个字段作为查询结果，在"学生选课"数据库中，没有一个表包含这四个字段，因此需要多表连接查询。多表连接查询首先确定需要哪几个表进行连接查询。进行连接查询的表要能够包含输出的所有字段，并且保证用到表的数量最少。进行连接的表之间要有含义相同的字段。

在本例中，在 studentinfo 表和 elective 表中有"学号"字段，在 studentinfo 表中有"姓名"

字段，在 course 表和 elective 表中有"课程号"字段，在 elective 表中有"成绩"字段。由此可知，要输出指定的四个字段，最少需要 studentinfo 表和 elective 表。这两个表可以进行连接的共同字段为"学号"。

对应的 SQL 语句如下：

```
SELECT s.sno,sname,cno,score
FROM studentinfo AS s JOIN elective AS e ON s.sno=e.sno
WHERE score<60;
```

或者：

```
SELECT s.sno,sname,cno,score
FROM studentinfo AS s,elective AS e
WHERE s.sno=e.sno AND score<60;
```

执行结果如图 5-29 所示。

```
mysql>  SELECT s.sno, sname, cno, score
    ->  FROM studentinfo AS s JOIN elective AS e
    ->  ON s.sno=e.sno
    ->  WHERE score<60;
+----------+--------+------+-------+
| sno      | sname  | cno  | score |
+----------+--------+------+-------+
| 10101001 | 张永峰 | c004 |    51 |
| 10102001 | 王斌   | c001 |    50 |
| 11101001 | 刘淑芳 | c001 |    49 |
+----------+--------+------+-------+
3 rows in set (0.00 sec)
```

图 5-29 例 5-25 执行结果

【例 5-26】查询"学生选课"数据库，输出考试成绩不及格学生的学号、姓名、课程名、成绩。

提示：完成本查询需要用到三个表：studentinfo 表、course 表、elective 表。这三个表的连接查询是通过表的两两连接来实现的。elective 表和 studentinfo 表有相同的"学号"字段，elective 表和 course 表有相同的"课程号"字段，所以 elective 表作为中间表，可以先和 studentinfo 表连接，再和 course 表连接。当然，这个连接顺序并不是固定的，elective 表也可以先和 course 表连接，再和 studentinfo 表连接。

对应的 SQL 语句如下：

```
SELECT s.sno,sname,cname,score
FROM studentinfo AS s JOIN elective AS e ON s.sno=e.sno
JOIN course AS c ON c.cno=e.cno
WHERE score<60;
```

或者：

```
SELECT s.sno,sname,cname,score
FROM studentinfo AS s,elective AS e,course AS c
WHERE s.sno=e.sno AND e.cno=c.cno AND score<60;
```

执行结果如图 5-30 所示。

```
mysql> SELECT s.sno, sname, cname, score
    -> FROM studentinfo AS s JOIN elective AS e ON s.sno=e.sno
    -> JOIN course AS c ON c.cno=e.cno
    -> WHERE score<60;
+----------+--------+----------+-------+
| sno      | sname  | cname    | score |
+----------+--------+----------+-------+
| 10102001 | 王斌   | 文学欣赏 |    50 |
| 11101001 | 刘淑芳 | 文学欣赏 |    49 |
| 10101001 | 张永峰 | 音乐欣赏 |    51 |
+----------+--------+----------+-------+
3 rows in set (0.00 sec)
```

图 5-30　例 5-26 执行结果

5.4.3　外连接

外连接与内连接不同，有主从表之分。使用外连接时，以主表中每行数据去匹配从表中的数据行，如果符合连接条件则返回到结果集中；如果没有找到匹配的数据行，则在结果集中仍然保留主表的数据行，相对应的从表中的字段则被填上 NULL 值。

外连接的语法格式如下所示。

```
SELECT 字段名列表
FROM 表名 1 LEFT|RIGHT JOIN 表名 2
ON 表名 1.字段名 比较运算符 表名 2.字段名;
```

外连接包括 3 种类型：左外连接、右外连接和全外连接。

（1）左外连接：即左表为主表，连接关键字为 LEFT JOIN。将左表中的所有数据行与右表中的每行按连接条件进行匹配，结果集中包括左表中所有的数据行。左表中与右表没有相匹配记录的行，在结果集中对应的右表字段都以 NULL 来填充。BIT 类型不允许为 NULL，就以 0 填充。

（2）右外连接：即右表为主表，连接关键字为 RIGHT JOIN。将右表中的所有数据行与左表中的每行按连接条件进行匹配，结果集中包括右表中所有的数据行。右表中与左表没有相匹配记录的行，在结果集中对应的左表字段都以 NULL 来填充。

（3）全外连接：连接关键字为 FULL JOIN。查询结果集中包括两个连接表的所有的数据行，若左表中每一行在右表中有匹配数据，则结果集中对应的右表的字段填入相应数据，否则填充为 NULL；若右表中某一行在左表中没有匹配数据，则结果集对应的左表字段填充为 NULL。

注意

外连接查询只适用于两个表。

表 R 和表 S 进行外连接的结果集如图 5-31 所示。

【例 5-27】查询"学生选课"数据库，输出所有教师教授的课程信息，没有教授课程的教师也要列出。

提示：要输出所有教师的授课信息，说明需要 teacher 表和 course 表。没有授课的教师也要列出，说明 teacher 表是主表。

R LEFT JOIN S (R.A=S.A)				
R.A	B	C	S.A	D
1	2	3	1	2
4	5	6	NULL	NULL

R RIGHT JOIN S (R.A=S.A)				
R.A	B	C	S.A	D
1	2	3	1	2
NULL	NULL	NULL	3	4
NULL	NULL	NULL	5	6

R FULL JOIN S (R.A=S.A)				
R.A	B	C	S.A	D
1	2	3	1	2
4	5	6	NULL	NULL
NULL	NULL	NULL	3	4
NULL	NULL	NULL	5	6

图 5-31 表 R 和表 S 外连接的结果集

对应的 SQL 语句如下：

```
SELECT *
FROM teacher AS t LEFT JOIN course AS c ON t.tno=c.ctno;
```

执行结果如图 5-32 所示。

图 5-32 例 5-27 执行结果

5.4.4 自连接

自连接就是一个表的两个副本之间的内连接，即同一个表名在 FROM 子句中出现两次，故为了区别，必须对表指定不同的别名，字段名前也要加上表的别名进行限定。

【例 5-28】查询和学号为 11101002 的学生在同一个班级的学生的学号和姓名。

对应的 SQL 语句如下：

```
SELECT s2.sno,s2.sname
FROM studentinfo AS s1 JOIN studentinfo AS s2
ON s1.sclass=s2.sclass
WHERE s1.sno='11101001' AND s2.sno!= '11101001';
```

执行结果如图 5-33 所示。

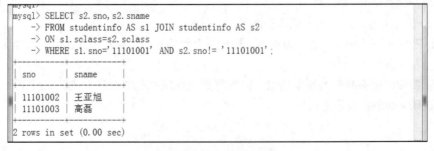

图 5-33 例 5-28 执行结果

5.5 子查询

子查询是将一个 SELECT 语句嵌套在另一个 SELECT 语句的 WHERE 子句中的查询。包含子查询的 SELECT 语句称为父查询或外部查询。子查询可以多层嵌套，执行时由内向外，即每一个子查询在其上一级父查询之前被处理，其查询结果回送给父查询。

子查询也可以嵌套在 INSERT、UPDATE 或 DELETE 语句中。使用子查询时，应注意以下几点。

（1）使用圆括号将子查询的 SELECT 语句括起来。

（2）当子查询的返回值为单个值时，子查询可以应用到任何表达式中。

子查询有几种形式，分别是比较子查询、IN 子查询、批量比较子查询和 EXISTS 子查询。

5.5.1 比较子查询

比较子查询是指在父查询与子查询之间用比较运算符进行连接的查询。在这种类型的子查询中，子查询返回的值最多只能有一个。

【例 5-29】查询"学生选课"数据库，输出选修了"音乐欣赏"这门课的所有学生的学号和成绩。

提示：先用子查询查找出"音乐欣赏"这门课的课程号，再用父查询查找出课程号等于子查询找到的课程号的那些数据行，输出其学号和成绩。

对应的 SQL 语句如下：

```
SELECT sno,score AS 音乐欣赏的成绩
FROM elective
WHERE cno=(SELECT cno FROM course WHERE cname='音乐欣赏');
```

执行结果如图 5-34 所示。

图 5-34 例 5-29 执行结果

【例 5-30】查询"学生选课"数据库，输出年龄最大的学生的姓名。

提示：在"学生选课"数据库的"学生"表中，只有学生的"出生日期"字段。要查找年龄最大的学生信息，先用子查询查找"出生日期"最小值，再用外查询查找出"出生日期"等于子查询找到的"出生日期"的数据行，并输出"姓名"字段。

对应的 SQL 语句如下：

```
SELECT sname AS 年龄最大的学生
FROM studentinfo
WHERE sbirth=(SELECT MIN(sbirth) FROM studentinfo);
```

执行结果如图 5-35 所示。

```
mysql> SELECT sname AS 年龄最大的学生
    -> FROM studentinfo
    -> WHERE sbirth=(SELECT MIN(sbirth) FROM studentinfo);
+---------------------+
| 年龄最大的学生      |
+---------------------+
| 王斌                |
+---------------------+
1 row in set (0.01 sec)
```

图 5-35　例 5-30 执行结果

【例 5-31】查询"学生选课"数据库，输出"音乐欣赏"这门课不及格的学生的姓名。

提示：先用子查询从"课程"表中查找出"音乐欣赏"这门课的课程号，再用外查询从"成绩"表中查找出课程号等于子查询找到的课程号且成绩小于 60 分的数据行，得到这个数据行的学号值，再用外查询从"学生"表中查找学号等于子查询找到的那个学号的学生的姓名。

对应的 SQL 语句如下：

```
SELECT sname AS 音乐欣赏不及格的学生
FROM studentinfo
WHERE sno=(SELECT sno FROM elective
WHERE score<60 AND cno=(SELECT cno FROM course WHERE cname='音乐欣赏'));
```

执行结果如图 5-36 所示。

图 5-36　例 5-31 执行结果

这个例子用到了子查询的多层嵌套。外层查询和子查询用比较运算符连接，这就要求每一层子查询得到的值最多只能有一个，也就是说最多只能有一个学生的"音乐欣赏"课成绩不及格。如果有两个或两个以上学生的"音乐欣赏"课成绩不及格，这个查询就要出错。

在实际情况中，不止一个学生在同一门课上成绩不及格的情况是普遍存在的。假如有多个学生的"音乐欣赏"课成绩不及格，该怎么书写 SQL 语句？对于子查询可能返回给父查询多个数值的情况，就要在父查询和子查询之间使用谓词 IN 或 NOT IN 进行连接。

5.5.2　IN 子查询

IN 子查询是指父查询与子查询之间用 IN 或 NOT IN 进行连接并判断某个字段的值是否在子

查询查找到的集合中。

【例 5-32】查询"学生选课"数据库，输出考试不及格的学生的姓名。

提示：先用子查询在"选课"表中查找出成绩小于 60 分的学生的学号，查找到的学号可能是多个，是一个集合。再用父查询从"学生"表中查找出学号等于子查询找到的某个学号的学生的姓名。

对应的 SQL 语句如下：

SELECT sname AS 考试不及格的学生
FROM studentinfo
WHERE sno IN (SELECT sno FROM elective WHERE score<60);

执行结果如图 5-37 所示。

```
mysql> SELECT sname AS 考试不及格的学生
    ->    FROM studentinfo
    ->    WHERE sno IN (SELECT sno FROM elective WHERE score<60);
+------------------------+
| 考试不及格的学生       |
+------------------------+
| 张永峰                 |
| 王斌                   |
| 刘淑芳                 |
+------------------------+
3 rows in set (0.00 sec)
```

图 5-37　例 5-32 执行结果

 注意

如果本例改为要查询考试成绩全部及格的学生的姓名，可把 IN 改为 NOT IN。

对应的 SQL 语句如下：

SELECT sname AS 考试全及格的学生
FROM studentinfo
WHERE sno NOT IN (SELECT sno FROM elective WHERE score<60);

执行结果如图 5-38 所示。

```
mysql> SELECT sname AS 考试全及格的学生
    ->    FROM studentinfo
    ->    WHERE sno NOT IN (SELECT sno FROM elective WHERE score<60);
+------------------------+
| 考试全及格的学生       |
+------------------------+
| 何小丽                 |
| 张宇                   |
| 包玉明                 |
| 孙平平                 |
| 翁静静                 |
| 王亚旭                 |
| 高磊                   |
+------------------------+
7 rows in set (0.00 sec)
```

图 5-38　NOT IN 的执行结果

5.5.3 批量比较子查询

批量比较子查询是指子查询的结果不止一个，父查询和子查询之间需要用比较运算符进行连接。这时候，就需要在子查询前面加上谓词 ALL 或 ANY。

1. 使用 ANY 谓词

在子查询前面使用 ANY 谓词时，会使用指定的比较运算符将一个表达式的值或字段的值与每一个子查询返回值进行比较，只要有一次比较的结果为 TRUE，则整个表达式的值为 TRUE，否则为 FALSE。

【例 5-33】查询"学生选课"数据库，输出需要补考的学生姓名。

对应的 SQL 语句如下：

```
SELECT sname AS 补考学生
FROM studentinfo
WHERE sno = ANY(SELECT sno FROM elective WHERE score<60);
```

执行结果如图 5-39 所示。

```
mysql> SELECT sname AS 补考学生
    ->    FROM studentinfo
    ->    WHERE sno = ANY(SELECT sno FROM elective WHERE score<60);
+-----------+
| 补考学生  |
+-----------+
| 张永峰    |
| 王斌      |
| 刘淑芳    |
+-----------+
3 rows in set (0.00 sec)
```

图 5-39　例 5-33 执行结果

2. 使用 ALL 谓词

在子查询前面使用 ALL 谓词时，会使用指定的比较运算符将一个表达式的值或字段的值与每一个子查询返回值进行比较，只有当所有比较的结果都为 TRUE 时，整个表达式的值才为 TRUE，否则为 FALSE。

【例 5-34】查询"学生选课"数据库，输出不需要补考的学生的姓名。

对应的 SQL 语句如下：

```
SELECT sname AS 不需补考的学生
FROM studentinfo
WHERE sno != ALL(SELECT sno FROM elective WHERE score<60);
```

查询结果如图 5-40 所示。

```
mysql> SELECT sname AS 不需补考的学生
    -> FROM studentinfo
    -> WHERE sno != ALL(SELECT sno FROM elective WHERE score<60);
+-----------------+
| 不需补考的学生  |
+-----------------+
| 何小丽          |
| 张宇            |
| 包玉明          |
| 孙平平          |
| 翁静静          |
| 王亚旭          |
| 高磊            |
+-----------------+
7 rows in set (0.00 sec)
```

图 5-40　例 5-34 执行结果

5.5.4　EXISTS 子查询

EXISTS 子查询是指在子查询前面加上 EXISTS 运算符或 NOT EXISTS 运算符,构成 EXISTS 表达式。如果子查询查找到了满足条件的数据行,那么 EXISTS 表达式的返回值为 TRUE,否则为 FALSE。

【例 5-35】查看"学生选课"数据库的 teacher 表,若不存在具有教授职称的教师,则显示所有教师的姓名和职称。

对应的 SQL 语句如下:

```
SELECT tname,tpro
FROM teacher
WHERE NOT EXISTS (SELECT * FROM teacher WHERE tpro='教授');
```

执行结果如图 5-41 所示。

```
mysql> SELECT tname,tpro
    -> FROM teacher
    -> WHERE NOT EXISTS (SELECT * FROM teacher WHERE tpro='教授');
Empty set (0.00 sec)
```

图 5-41　例 5-35 执行结果

【例 5-36】查询"学生选课"数据库的 elective 表,如果有需要补考的,就显示所有学生的成绩信息。如果没有需要补考的,就不输出任何信息。

对应的 SQL 语句如下:

```
SELECT *
FROM elective
WHERE EXISTS (SELECT * FROM elective WHERE score<60);
```

执行结果如图 5-42 所示。

```
mysql> SELECT *
    -> FROM elective
    -> WHERE EXISTS (SELECT * FROM elective WHERE score<60);
+----------+------+-------+
| sno      | cno  | score |
+----------+------+-------+
| 10101001 | c001 |    73 |
| 10101001 | c003 |    81 |
| 10101001 | c004 |    51 |
| 10101002 | c001 |    78 |
| 10101003 | c003 |    69 |
| 10102001 | c001 |    50 |
| 10102002 | c002 |    68 |
| 10102002 | c003 |    95 |
| 10102002 | c004 |    75 |
| 10102003 | c001 |    85 |
| 10102003 | c002 |    78 |
| 10102003 | c003 |    67 |
| 10102003 | c004 |  NULL |
| 11101001 | c001 |    49 |
| 11101001 | c002 |    67 |
| 11101001 | c004 |    62 |
| 11101002 | c001 |    67 |
| 11101002 | c002 |  NULL |
| 11101003 | c002 |    88 |
| 11101003 | c003 |    90 |
| 11101003 | c004 |    82 |
+----------+------+-------+
21 rows in set (0.00 sec)
```

图 5-42 例 5-36 执行结果

注意

子查询和连接查询在很多情况下可以互换。

（1）对于例 5-28 查询和学号为 11101002 的学生在同一个班级的学生学号和姓名的问题，可以用子查询来实现，对应的 SQL 语句如下：

```
SELECT sno,sname
FROM studentinfo
WHERE sno!='11101002'AND sclass=(SELECT sclass FROM studentinfo
WHERE sno='11101002');
```

（2）对于例 5-32 查询"学生选课"数据库，输出需要补考的学生姓名的问题，也可以用连接查询来实现，对应的 SQL 语句如下：

```
SELECT sname
FROM studentinfo AS s JOIN elective AS e
ON s.sno=e.sno
WHERE score<60;
```

至于什么时候使用连接查询，什么时候使用子查询，可以参考以下原则。
（1）如果查询语句要输出的字段来自多个表时，用连接查询。
（2）如果查询语句要输出的字段来自一个表，但其 WHERE 子句涉及另一个表时，常用子查询。
（3）如果查询语句要输出的字段和 WHERE 子句都只涉及一个表，但是 WHERE 子句的查询条件涉及应用集合函数进行数值比较时，一般用子查询。

5.5.5 在 INSERT、UPDATE、DELETE 语句中使用子查询

1. 在 INSERT 语句中使用子查询

使用 INSERT…SELECT 语句可以将 SELECT 语句的查询结果添加到表中，一次可以添加多行。语法格式如下：

```
INSERT 表1[(字段名列表1)]
SELECT 字段名列表2 FROM 表2 [WHERE 条件表达式]
```

注意

使用本语句时，表 1 已经存在，且"字段名列表 1"中字段的个数、字段的顺序、字段的数据类型必须和"字段名列表 2"中对应的字段信息一样或兼容。

【例 5-37】建立一个电子商务专业学生的信息表 studs，表里有学号、姓名、所在班级等字段，把"学生选课"数据库中的 studentinfo 表中查询到的电子商务专业的学生的相关信息添加到本表中。

（1）建立 studs 表。

对应的 SQL 语句如下：

```
CREATE TABLE studs
(sno CHAR(8),
sname VARCHAR(10),
sclass VARCHAR(20));
```

结果如图 5-43 所示。

```
mysql> CREATE TABLE studs
    -> (sno CHAR(8),
    -> sname VARCHAR(10),
    -> sclass VARCHAR(20));
Query OK, 0 rows affected (0.08 sec)
```

图 5-43 建表的执行结果

（2）将 studentinfo 表中电子商务专业的学生信息插入 studs 表中。

对应的 SQL 语句如下：

```
INSERT INTO studs(sno,sname,sclass)
SELECT sno,sname,sclass FROM studentinfo WHERE sclass LIKE '电子商务%';
```

结果如图 5-44 所示。

```
mysql> INSERT INTO studs(sno,sname,sclass)
    -> SELECT sno,sname,sclass FROM studentinfo WHERE sclass LIKE '电子商务%';
Query OK, 6 rows affected (0.03 sec)
Records: 6  Duplicates: 0  Warnings: 0
```

图 5-44 插入数据的执行结果

（3）查询 studs 表中的数据。

对应的 SQL 语句如下：

```
SELECT * FROM studs;
```

结果如图 5-45 所示。

```
mysql> SELECT * FROM studs;
+----------+--------+-----------+
| sno      | sname  | sclass    |
+----------+--------+-----------+
| 10101001 | 张永峰 | 电子商务101 |
| 10101002 | 何小丽 | 电子商务101 |
| 10101003 | 张宇   | 电子商务101 |
| 11101001 | 刘淑芳 | 电子商务111 |
| 11101002 | 王亚旭 | 电子商务111 |
| 11101003 | 高磊   | 电子商务111 |
+----------+--------+-----------+
6 rows in set (0.00 sec)
```

图 5-45　查询数据的执行结果

2. 在 UPDATE 语句中使用子查询

使用 UPDATE 语句时，可以在 WHERE 子句中使用子查询。

【例 5-38】修改"学生选课"数据库的 course 表，把职称为"副教授"的老师教授课程的学时减少 6 个。

对应的 SQL 语句如下：

```
UPDATE course SET cperiod=cperiod-6
WHERE ctno IN (SELECT tno FROM teacher WHERE tpro='副教授');
```

执行结果如图 5-46 所示。

```
mysql> UPDATE course SET cperiod=cperiod-6
    -> WHERE ctno IN (SELECT tno FROM teacher WHERE tpro='副教授');
Query OK, 1 row affected (0.03 sec)
Rows matched: 1  Changed: 1  Warnings: 0
```

图 5-46　例 5-38 执行结果

3. 在 DELETE 语句中使用子查询

使用 DELETE 语句时，可以在 WHERE 子句中使用子查询。

【例 5-39】将 elective 表中王斌的选课信息删除。

对应的 SQL 语句如下：

```
DELETE FROM elective
WHERE sno=(SELECT sno FROM studentinfo WHERE sname='王斌');
```

执行结果如图 5-47 所示。

```
mysql> DELETE FROM elective
    -> WHERE sno=(SELECT sno FROM studentinfo WHERE sname='王斌');
Query OK, 1 row affected (0.03 sec)
```

图 5-47　例 5-39 执行结果

5.6 合并结果集

合并结果集是指对多个 SELECT 语句查询的结果集进行合并操作，组合成一个结果集。合并结果集使用的运算符是 UNION。使用 UNION 时，需要注意以下几点。

（1）所有 SELECT 语句中的字段个数必须相同。

（2）所有 SELECT 语句中对应的字段的数据类型必须相同或兼容。

（3）合并后的结果集中的字段名是第一个 SELECT 语句中各字段的字段名。如果要为返回的字段指定别名，则必须在第一个 SELECT 语句中指定。

（4）使用 UNION 运算符合并结果集时，每一个 SELECT 语句本身不能包含 ORDER BY 子句，只能在最后使用一个 ORDER BY 子句对整个结果集进行排序，且在该 ORDER BY 子句中必须使用第一个 SELECT 语句中的字段名。

【例 5-40】对"学生选课"数据库进行查询，输出所有学生和教师的编号和姓名。

对应的 SQL 语句如下：

```
SELECT sno AS 编号,sname AS 姓名 FROM studentinfo
UNION
SELECT tno AS 编号,tname AS 姓名 FROM teacher;
```

执行结果如图 5-48 所示。

图 5-48　例 5-40 执行结果

本章小结

（1）查询是数据库最常用的操作，MySQL 使用 SELECT 语句进行数据查询。

（2）SELECT 语句最基本的格式包括 SELECT 和 FROM 两部分，格式如下：

```
SELECT    要查询的内容
FROM 表名；
```

其中，"要查询的内容"指出查询结果要输出的字段名列表，"表名"指出要从哪张数据表中进行查询。

（3）SELECT 语句中可以包含 WHERE 子句，用于指明查询条件。

（4）SELECT 语句中可以包含 ORDER BY 子句，用于对查询结果进行排序。

（5）SELECT 语句中可以包含 LIMIT 子句，用于对查询结果的输出数量进行限制。

（6）SELECT 语句中可以包含集合函数，用于对查询结果进行统计。SELECT 语句还可以包含 GROUP BY 子句，用于对查询结果进行分组。GROUP BY 子句常和集合函数配合使用。如果 SELECT 语句中没有包含 GROUP BY 子句，则集合函数对整个查询结果进行统计。如果 SELECT 语句中包含 GROUP BY 子句，则查询结果按分组进行统计。GROUP BY 子句后可加 HAVING 子句，用于对分组设置筛选条件。

（7）连接查询和子查询是实现多表查询的常用方式。

实训项目

项目 1：在"网上书店"数据库中进行简单查询

目的：掌握 SELECT 语句中 DISTINCT 子句、LIMIT 子句、WHERE 子句以及 ORDER BY 子句的使用。

内容如下。

（1）查询会员表，输出积分高于 500 分的会员昵称和联系电话。

（2）查询会员表，输出积分低于 200 分的会员昵称和联系电话，分别用英文 username、telephone 指定别名。

（3）查询会员表，输出 E-mail 是 QQ 邮箱的会员昵称及其 E-mail。

（4）查询订购表，输出订购日期是 2016 年 10 月的订单的详细信息。

（5）查询订购表，输出订货的会员编号，要求删除重复行。

（6）查询图书表，输出图书的名称和价格，并把查询结果按价格降序排列。

（7）查询图书表，输出价格最高的三种图书的名称和价格。

项目 2：在"网上书店"数据库查询中使用集合函数

目的：掌握集合函数、GROUP BY 子句、HAVING 子句。

内容如下。

（1）查询图书表，输出所有图书的最高价格、最低价格、平均价格。

（2）查询图书表，输出每一类图书的数量。

（3）查询图书表，输出每一类图书的最高价格、最低价格、平均价格。

（4）查询订购表，输出订购数量超过 3 本的会员编号和订购数量。

项目3：在"网上书店"数据库查询中使用连接查询和子查询

目的：掌握连接查询和子查询

内容如下。

（1）输出所有图书的图书名称、价格以及所属类别名称。

（2）输出订购了《平凡的世界》的会员昵称、联系电话、订购数量。

（3）输出订购了图书的会员昵称和联系电话。

（4）输出无人订购的图书名称和价格。

（5）输出详细订购信息，包括订购图书的会员昵称、联系电话、所订图书名称、数量、价格、折扣价。

课后习题

1. 数据查询语句 SELECT 由多个子句构成，（　　）子句能够将查询结果按照指定字段的值进行分组。

　　A．ORDER BY　　　　B．LIMIT　　　　C．GROUP BY　　　　D．DISTINCT

2. WHERE 子句用于指定（　　）。

　　A．查询结果的分组条件　　　　　　B．查询结果的统计方式

　　C．查询结果的排序条件　　　　　　D．查询结果的搜索条件

3. 要在"网上书店"数据库的"图书"表中查找图书名称包含"中国"两字的图书信息，可使用（　　）。

　　A．SELECT * FROM 图书 WHERE 图书名称 LIKE '中国%'

　　B．SELECT * FROM 图书 WHERE 图书名称 LIKE '%中国%'

　　C．SELECT * FROM 图书 WHERE 图书名称 LIKE '%中国'

　　D．SELECT * FROM 图书 WHERE 图书名称 LIKE '_中国%'

4. 在子查询语句中，下面哪一个子句用于将查询结果存储在另一张表中？（　　）

　　A．GROUP BY 子句　　　　　　　　B．INSERT 子句

　　C．WHERE 子句　　　　　　　　　D．DISTINCT 子句

5. 集合函数（　　）可对指定字段求平均值。

　　A．SUM　　　　B．AVG　　　　C．MIN　　　　D．MAX

6. 对于"网上书店"数据库，以下 SELECT 语句的含义是（　　）。

SELECT 会员昵称 FROM 会员

WHERE 会员编号 NOT IN(SELECT 会员编号 FROM 订购)

　　A．查询输出没有订购图书的会员昵称

　　B．查询输出订购图书的会员昵称

　　C．查询输出所有会员昵称

　　D．查询输出没有编号的会员昵称

7. 子查询的结果不止一个值时，可以使用的运算符是（　　）。

　　A．IN　　　　B．LIKE　　　　C．=　　　　D．>

8. EXISTS 子查询的返回值是（　　）。

   A. 数值类型　　　　B. 字符串类型　　　　C. 日期和时间类型　　　　D. 逻辑类型

9. 执行以下 SQL 语句：

   SELECT 学号，姓名 FROM 学生 LIMIT 2，2;

   查询结果返回了哪几行数据?（　　）

   A. 返回了两行数据，分别是第 1 行和第 2 行数据
   B. 返回了两行数据，分别是第 2 行和第 3 行数据
   C. 返回了两行数据，分别是第 3 行和第 4 行数据
   D. 返回了两行数据，分别是第 4 行和第 5 行数据

10. 输出"学生选课"数据库中学生的成绩，在输出时把每个学生每门课程成绩都提高 10%，使用的 SQL 语句是（　　）。

    A. SELECT sno，cno，score*10 FROM elective
    B. SELECT sno，cno，score+10 FROM elective
    C. SELECT sno，cno，score*0.1 FROM elective
    D. SELECT sno，cno，score*1.1 FROM elective

第 6 章

存储过程与事务

本章目标：

- 掌握变量的定义
- 掌握基本的流程控制语句
- 了解存储过程和存储函数
- 了解存储程序的类型
- 理解存储过程的作用
- 掌握存储过程的创建、修改和执行
- 掌握存储函数的创建和执行
- 掌握事务处理的过程
- 理解事务的隔离级别

6.1 MySQL 程序设计基础

6.1.1 变量

在 MySQL 中最常见的变量类型有局部变量和用户自定义变量两种。

1. 局部变量

局部变量一般定义在 SQL 的语句块中，常用于存储过程和存储函数的 BEGIN/END 语句块。局部变量的作用域只限于定义它的语句块，语句块执行完毕后，局部变量也随之释放。要定义局部变量必须使用 DECLARE 语句来声明，定义的同时可以使用 DEFAULT 子句对局部变量进行初始化赋值。DECLARE 语句格式如下：

```
DECLARE var_name[,…] type [DEFAULT value];
```

value 是给局部变量提供的一个默认值，包含在 DEFAULT 子句中。如果没有 DEFAULT 子句，局部变量的初始值为 NULL。例如：

```
DECLARE num  int  DEFAULT 0;
```

上述例子定义一个整型局部变量 num 并设置其初始值为 0。

对局部变量进行赋值操作，可以使用 SET 语句，语句格式如下：

```
SET var_name = expr [, var_name = expr] ;
```

例如：

```
SET num=10;
```

SET 语句既可以用于局部变量的赋值，也可以用于用户自定义变量的声明及赋值。

2. 用户自定义变量

用户自定义变量的名字以"@"开头，形如：@var_name。为了在不同 SQL 语句中进行值的传递，可以把一些数值存储在用户自定义变量中，不同的 SQL 语句都可以访问。用户自定义变量在客户端和数据库的连接建立后被定义，直到连接断开时，用户自定义变量才会被释放。用户自定义变量无需用 DECLARE 关键字进行定义，可以直接使用。例如：

```
SET @c1=1, @c2=2, @c3=4;
```

查看用户变量的值可以使用 SELECT 语句，例如：

```
SELECT @c1, @c2, @c3;
```

查询结果如图 6-1 所示。

```
mysql> SET @c1=1, @c2=2, @c3=4;
Query OK, 0 rows affected (0.00 sec)

mysql> SELECT @c1, @c2, @c3;
+------+------+------+
| @c1  | @c2  | @c3  |
+------+------+------+
|   1  |   2  |   4  |
+------+------+------+
1 row in set (0.00 sec)
```

图 6-1 用户自定义变量的赋值和显示

6.1.2 流程控制语句

在编写存储过程和存储函数时，可以使用流程控制语句对 SQL 语句进行组织，使其成为符合业务逻辑的代码块。MySQL 中常见的流程控制语句主要有：IF 语句、CASE 语句、LOOP 语句、WHILE 语句、ITERATE 语句、REPEAT 语句等。

1. IF 语句

IF 语句根据逻辑判断条件的值是 TRUE 还是 FALSE，转去执行相应的分支中的语句。IF 语句的语法格式如下：

```
IF expr_condition THEN statement_list
[ELSEIF expr_condition THEN statement_list]
[ELSE statement_list]
END IF;
```

IF 语句用于实现分支判断的程序结构。在上述语法格式中，expr_condition 代表逻辑判断条件，statement_list 代表一条或多条 SQL 语句。如果 expr_condition 的值为 TRUE，则执行 THEN 后面的 SQL 语句块；如果 expr_condition 的值为 FALSE，则执行 ELSE 后面的 SQL 语句块。

下面举一个 IF 语句的例子，代码如下：

```
IF x>y
THEN SELECT  x;
ELSE SELECT  y;
END IF;
```

上述代码中，判断两个数 x，y 的大小，如果 x>y，则执行 THEN 后的语句，显示 x 的值；反之，则执行 ELSE 后的语句，显示 y 的值。

2. CASE 语句

CASE 也是一个条件判断语句，用于多分支判断的程序结构，常用语法格式如下：

```
CASE case_expr
  WHEN when_value THEN statement_list
  [WHEN when_value THEN statement_list]……
  [ELSE statement_list]
END CASE;
```

其中，case_expr 是一个表达式，when_value 表示 case_expr 表达式可能的匹配值。如果某一个 when_value 的值与 case_expr 表达式的值相匹配，则执行对应 THEN 关键字后的 statement_list 中的语句。如果所有 when_value 的值与 case_expr 表达式的值都不匹配，则执行 ELSE 关键字后的 statement_list 中的语句。下面给出一个 CASE 的代码片段，根据人名显示这个人的特征：

```
CASE name
    WHEN 'sam' THEN SELECT 'young';
    WHEN 'lee' THEN SELECT 'handsome';
    ELSE SELECT 'good';
END CASE;
```

3. LOOP 语句

LOOP 是一个循环语句，用来实现对一个语句块的循环执行。LOOP 语句并不能进行条件判断来决定何时退出循环，会一直执行循环语句。如果要退出循环，需要使用 LEAVE 等语句。LOOP 语句的语法格式如下：

```
[loop_label:] LOOP
        Statement_list
    END LOOP [loop_label];
```

其中，loop_label 是 LOOP 语句的标记名称，该参数可以省略；Statement_list 是循环体内的语句列表。

以下代码使用 LOOP 语句计算 1+2+3…+100。

```
DECLARE i INT DEFAULT 0;
DECLARE sum INT DEFAULT 0;
sum_loop:LOOP
        SET i=i+1;
        SET sum=sum+i;
        IF i>100 THEN LEAVE sum_loop;
        END IF;
        END LOOP sum_loop;
```

在上述代码中，利用循环实现了对 i 的增 1 操作，同时把 i 的值累加到 sum 变量中，当 i 的值大于 100 时，使用 LEAVE 语句跳出 LOOP 循环。代码结束，1 到 100 之和存储在 sum 变量中。

4. LEAVE 语句

LEAVE 语句基本语法结构如下：

```
LEAVE label;
```

其中，label 是一个标记名称，执行 LEAVE 语句时会无条件跳出到该标记名称所标识的语句块。因此，可以使用 LEAVE 语句跳出循环体。

5. ITERATE 语句

与 LEAVE 语句结束整个循环的功能不同，ITERATE 语句的功能是结束本次循环，转到循环开始语句，进行下一次循环。ITERATE 语句的格式如下：

```
ITERATE lable
```

其中，lable 是一个循环标记名称，ITERATE 语句只可以出现在 LOOP、REPEAT、WHILE 等循环语句中。以下代码首先使用 ITERATE 语句跳转显示 1 到 5，然后使用 LEAVE 语句退出整个循环。

```
DECLARE a INT DEFAULT 1;
 label1: LOOP
       IF a<6 THEN
         SELECT a;
         SET a=a+1;
         ITERATE label1;
       END IF;
      LEAVE label1;
    END LOOP label1;
```

6. REPEAT 语句

REPEAT 语句用于循环执行一个语句块，执行的流程是先执行一次循环语句块再进行条件表达式判断，如果条件表达式值为 TRUE，则循环结束，否则再重复执行一次循环语句块。REPEAT 语句的格式如下：

```
[repeat_lable:] REPEAT
      statement_list
      UNTIL expr_condition
      END REPEAT [repeat_lable];
```

其中，repeat_lable 为循环标记名称，是可选的。statement_list 中的语句将会被循环执行，直到 expr_condition 表达式值为 TRUE 时才结束循环。

以下代码使用 REPEAT 语句计算 1+2+3+…+100。

```
DECLARE i INT DEFAULT 0;
DECLARE sum INT DEFAULT 0;
REPEAT
  SET i=i+1;
  SET sum=sum+i;
  UNTIL i>=100;
END REPEAT;
```

7. WHILE 语句

WHILE 语句也用于循环执行一个语句块，但是与 REPEAT 语句不同，WHILE 语句在执行时会首先判断条件表达式是否为 TRUE，如果为 TRUE 则继续执行一次循环语句块，执行完后再判断条件表达式。如果条件表达式的值为 FALSE，则直接退出循环。WHILE 语句的格式如下：

```
[while_lable:] WHILE expr_condition DO
        Statement_list
    END WHILE [while_lable];
```

其中，while_lable 为 WHILE 语句的标记名称，expr_condition 为逻辑表达式，值为 TRUE 时 Statement_list 中的语句将会被循环执行，直至 expr_condition 值为 FALSE 时退出循环。

以下代码使用 WHILE 语句计算 1+2+3+…+100。

```
DECLARE i INT DEFAULT 0;
DECLARE sum INT DEFAULT 0;
WHILE i<100 DO
    SET i=i+1;
    SET sum=sum+i;
END WHILE;
```

6.1.3 光标

使用 SQL 语句对表中数据进行查询时，可能返回很多条记录。如果需要对查询结果集中的多条记录进行逐条读取，则需要使用光标。

1. 光标的声明

要使用光标对查询结果集中的数据进行处理，首先需要声明光标。光标的声明必须在声明变量和条件之后，声明处理程序之前。光标的声明格式如下：

```
DECLARE cursor_name CURSOR FOR select_statement;
```

其中，cursor_name 表示光标的名字，select_statement 是光标的 SELECT 语句，返回一个用于创建光标的查询结果集。下面的代码声明一个名为 cur_teacher 的光标：

```
DECLARE cur_teacher CURSOR FOR SELECT name, age
FROM teacher ;
```

上面的示例代码中，光标的名称为 cur_teacher，SELECT 语句的作用是从 teacher 表中查询出所有记录的 name 和 age 字段值。

2. 光标的使用

光标在使用之前必须先打开。MySQL 中使用 OPEN 关键字打开光标。从光标查询结果集中取出一条记录可用 FETCH 语句。其语法格式如下：

```
OPEN cursor_name ;
FETCH cursor_name INTO var_name[,var_name…] ;
```

其中，cursor_name 表示光标的名称；var_name 是一个变量，用于存储从光标查询结果集取出的一条记录中一个字段的值。变量必须在声明光标之前就定义好。光标查询结果集中有多少个字段，FETCH 语句中就必须有多少个变量来存放对应字段的值。

下面代码使用名为 cur_teacher 的光标，将查询结果集中一条记录的 name 和 age 字段的值存入 teacher_name 和 teacher_age 变量中。

```
FETCH cur_teacher INTO teacher_name,teacher_age ;
```

 注意

teacher_name 和 teacher_age 变量必须在声明光标之前定义。

3. 光标的关闭

MySQL 中使用 CLOSE 关键字来关闭光标。其语法格式如下：

```
CLOSE cursor_name ;
```

其中，cursor_name 表示光标的名称。

下面的代码关闭名为 cur_teacher 的光标：

```
CLOSE cur_teacher;
```

光标关闭之后就不能再使用 FETCH 语句从光标查询结果集中取出数据了。

每执行一次 FETCH 语句从查询结果集中取出一条记录，将该记录字段的值送入指定的变量，通过循环可以逐条访问查询结果集中的所有记录。

以下代码使用光标查询并显示 teacher 表中所有教师的姓名 tname 和学历 tedu 字段的信息。

```
DECLARE  no_more_record INT DEFAULT 0;
DECLARE  t_name varchar(20);
DECLARE  t_edu  varchar(20);
DECLARE  cur_record CURSOR FOR
SELECT  tname, tedu FROM teacher;  /*对光标进行定义*/
DECLARE  CONTINUE HANDLER FOR NOT FOUND
SET  no_more_record = 1;/*错误处理，针对 NOT FOUND 错误，当没有记录时将 no_more_record
赋值为 1*/
 OPEN  cur_record; /*使用 OPEN 打开光标*/
 WHILE no_more_record != 1 DO
    FETCH  cur_record INTO t_name, t_edu;
    SELECT  t_name, t_edu;
 END WHILE;
 CLOSE  cur_record;  /*用 CLOSE 语句把光标关闭*/
```

6.2 存储过程概述

存储过程是数据库服务器上一组预先编译好的 SQL 语句的集合，作为一个对象存储在数据库中，可以被应用程序作为一个整体来调用。在调用过程中，存储过程可以从调用者那里接收输入参数，执行后再通过输出参数向调用者返回处理结果。

在 MySQL 操作过程中，数据库开发人员可以根据实际需要，把数据库操作过程中频繁使用的一些 MySQL 代码封装在一个存储过程中，需要执行这些 MySQL 代码时则对存储过程进行调用，从而提高程序代码的复用性。

6.2.1 存储过程的基本概念

在进行数据库开发的过程中，数据库开发人员经常把一些需要反复执行的代码放在一个独立的语句块中。这些能实现一定具体功能、独立放置的语句块，我们称之为"过程"（Procedure）。MySQL 的存储过程（Stored Procedure），就是为了完成某一特定功能，把一组 SQL 语句集合经过编译后作为一个整体存储在数据库中。用户需要的时候，可以通过存储过程名来调用存储过程。

存储过程增强了 SQL 语言编程的灵活性，提高了数据库应用程序的运行效率，增强了代码的复用性和安全性，同时也使程序代码维护起来更加容易，从而大大减少数据库开发人员的工作量，缩短整个数据库程序的开发时间。

6.2.2 存储程序的类型

在 MySQL 中，存储程序的方式主要分为以下四种。

（1）存储函数(stored function)。根据调用者提供的参数进行处理，最终返回调用者一个值作为函数处理结果。

（2）存储过程(stored procedure)。一般用来完成运算，并不返回结果。需要的时候可以把处理结果以输出参数的形式传递给调用者。

（3）触发器(trigger)。当执行 INSERT、UPDATE、DELETE 等操作时，将会引发与之关联的触发器自动执行。

（4）事件(event)。事件是根据时间调度器在预订时间自动执行的存储程序。

6.2.3 存储过程的作用

MySQL 存储过程具有以下作用。

（1）存储过程的使用，提高了程序设计的灵活性。存储过程可以使用流程控制语句组织程序结构，方便实现结构较复杂的程序的编写，使设计过程具有很强的灵活性。

（2）存储过程把一组功能代码作为单位组件。一旦被创建，存储过程作为一个整体，可以被其他程序多次反复调用。对于数据库程序设计人员，可以根据实际情况，对存储过程进行维护，不会对调用程序产生不必要的影响。

（3）使用存储过程有利于提高程序的执行速度。在数据库操作中，因为存储过程在执行之前已经被预编译，对于包含大量 SQL 代码或者需要被反复执行的代码段，使用存储过程会大大提高其执行速度。相对于存储过程，批处理的 SQL 语句段在每次运行之前都要进行编译，导致运行速度较慢。

（4）使用存储过程能减少网络访问的负荷。在访问网络数据库的过程中，如果采用存储过程的方式对 SQL 语句进行组织，当需要调用存储过程时，仅需在网络中传输调用语句即可，从而大大减少了网络的流量和负载。

（5）作为一种安全机制，系统管理员可以充分利用存储过程对相应数据的访问权限进行限制，从而避免非授权用户的非法访问，进一步保证数据访问的安全性。

6.3 创建和执行存储过程

创建存储过程的语法格式如下：
```
CREATE PROCEDURE sp_name([proc_parameter[,…]])
  [characteristic…]
  routine_body
```

其中：

（1）proc_parameter: [IN | OUT | INOUT] param_name type

（2）characteristic: LANGUAGE SQL | [NOT] DETERMINISTIC |{ CONTAINS SQL| NO SQL| READS SQL DATA | MODIFIES SQL DATA } | SQL SECURITY { DEFINER | INVOKER }| COMMENT 'string'

参数说明如下：

- sp_name：存储过程的名称。建立这个名称时，要避免和 MySQL 内置函数的名称相同。
- proc_parameter：存储过程的参数列表，其中 param_name 为参数的名称，type 为参数的数据类型。需要多个参数时，各参数之间要用逗号分开。输入参数、输出参数和输入输出参数，分别用 IN、OUT、INOUT 标识。参数的取名要避免和数据表的字段名相同。
- characteristic：存储过程的特征参数，其中 CONTAINS SQL 表示存储程序不包含读或写数据的语句；NO SQL 表示存储程序不包含 SQL 语句；READS SQL DATA 表示存储过程包含读数据的语句，但不包含写数据的语句；MODIFIES SQL DATA 表示存储过程包含写数据的语句；SQL SECURITY { DEFINER | INVOKER }指明谁有权限来执行存储过程，DEFINER 表示只有定义者自己才能够执行存储过程，INVOKER 表示调用者可以执行存储过程。COMMENT 'string'是注释信息。如果这些特征没有明确给定，默认的是 CONTAINS SQL。
- routine_body：表示存储过程的程序体，包含了在存储过程调用的时候必须执行的 SQL 语句。以 BEGIN 开始，以 END 结束。如果存储过程的程序体中仅有一条 SQL 语句，可以省略 BEGIN 和 END 标志。

6.3.1 创建和执行不带输入参数的存储过程

创建不带输入参数的存储过程，其语法格式如下：
```
CREATE PROCEDURE sp_name()
  BEGIN
    MySQL 语句;
  END;
```

其中，sp_name 为存储过程名称。

【例 6-1】在"学生选课"数据库中创建一个名为 p_jiaoshi1 的存储过程。该存储过程输出 teacher 表中所有 tedu 字段为"硕士研究生"的记录。

对应的 SQL 语句如下：
```
DELIMITER //
CREATE PROCEDURE p_jiaoshi1()
```

```
BEGIN
    SELECT * FROM teacher WHERE tedu='硕士研究生';
END;//
DELIMITER ;
```

 注意

结束符的作用就是告诉 MySQL 解释器，该段命令已经结束，MySQL 可以执行了。默认情况下，结束符是分号（;）。在客户端命令行中，如果有一行命令以分号结束，那么回车后，MySQL 将会执行该命令。由于存储过程包含多条语句，并且每条语句以"；"结束，所以必须先改变结束符。改变结束符可以使用 DELIMITER 语句。例 6-1 中 "DELIMITER //" 语句的作用就是把结束符临时改为 "//"，存储过程语句输入结束后，再用 "DELIMITER ;"语句把结束符改回 ";"。

存储过程创建成功后，用户就可以执行存储过程了。执行不带参数的存储过程的语法如下：

CALL sp_name();

其中，sp_name 为存储过程名称。

【例 6-2】执行例 6-1 中创建的存储过程 p_jiaoshi1。

对应的 SQL 语句如下：

USE 学生选课;
CALL p_jiaoshi1();

执行结果如图 6-2 所示。

```
mysql> CALL p_jiaoshi1();
+------+-------+---------+-----------+-----------+
| tno  | tname | tgender | tedu      | tpro      |
+------+-------+---------+-----------+-----------+
| t002 | 李琦  | 男      | 硕士研究生 | 副教授    |
| t003 | 王艳红| 女      | 硕士研究生 | 讲师      |
| t005 | 万丽  | 女      | 硕士研究生 | 助理讲师  |
+------+-------+---------+-----------+-----------+
3 rows in set (0.03 sec)

Query OK, 0 rows affected (0.05 sec)
```

图 6-2 执行 p_jiaoshi1 存储过程

6.3.2 创建和执行带输入参数的存储过程

1. 创建带输入参数的存储过程

输入参数是指由调用程序向存储过程传递的参数，在创建存储过程时定义输入参数，在调用存储过程时给出相应的参数值。

在例 6-1 中，存储过程 p_jiaoshi1 只能对 "硕士研究生"这个给定的学历进行查询。要让用户能够按任意给定的学历进行查询，也就是说，每次查询的学历是可变的，这时就要用到输入参数了。

【例 6-3】在"学生选课"数据库中创建一个名为 p_jiaoshi2 的存储过程，该存储过程能根据用户给定的学历进行查询并返回 teacher 表中对应的记录。

分析：在例 6-1 的语句"SELECT * FROM teacher WHERE tedu='硕士研究生'"中，将学历"硕士研究生"用变量代替，上述语句可以写为"SELECT * FROM teacher WHERE tedu=tedu1"，其中变量 tedu1 取代了原本的固定值"硕士研究生"。同时，由于使用了变量，所以需要定义变量，而且由于该变量要存储字段 tedu 的值，所以该变量的数据类型应和学历 tedu 字段的数据类型兼容，可以把 tedu1 设为 20 位可变长字符串类型。

对应的 SQL 命令如下：

```
USE 学生选课;
DELIMITER //
CREATE PROCEDURE p_jiaoshi2(IN tedu1 varchar(20))
BEGIN
  SELECT * FROM teacher WHERE tedu=tedu1;
END; //
DELIMITER ;
```

2．执行带输入参数的存储过程

执行带输入参数的存储过程有两种方法：一种是使用变量名传递参数值，另一种是直接传递一个值给参数。

（1）使用变量名传递参数值

先通过语句 SET @parameter_name=value 给一个变量设定值，调用存储过程时再用该变量给参数传递值。

其语法格式如下：

```
CALL procedure_name([@parameter_name] [,…n]);
```

【例 6-4】用变量名传递参数值的方法执行存储过程 p_jiaoshi2，分别查询学历为"本科"和"博士研究生"的记录。

对应的 SQL 语句如下：

```
SET @inspro='本科';
CALL p_jiaoshi2(@inspro);
SET @inspro='博士研究生';
CALL p_jiaoshi2(@inspro);
```

（2）按给定表达式值传递参数

在执行存储过程的语句中，直接给定参数的值。采用这种方式传递参数值，给定参数值的顺序必须与存储过程中定义的输入变量的顺序一致。其语法格式如下：

```
CALL procedure_name(value1,value2,…)
```

【例 6-5】按给定表达式值传递参数的方式执行存储过程 p_jiaoshi2，分别查找学历为"本科"和"博士研究生"的记录。

对应的 SQL 语句如下：

```
CALL p_jiaoshi2('本科');
CALL p_jiaoshi2('博士研究生');
```

运行结果如图 6-3 所示。

```
mysql> CALL p_jiaoshi2('本科');
+------+-------+---------+------+------+
| tno  | tname | tgender | tedu | tpro |
+------+-------+---------+------+------+
| t001 | 吴亚飞 | 男      | 本科 | 讲师 |
+------+-------+---------+------+------+
1 row in set (0.00 sec)

Query OK, 0 rows affected (0.01 sec)

mysql> CALL p_jiaoshi2('博士研究生');
+------+-------+---------+----------+------+
| tno  | tname | tgender | tedu     | tpro |
+------+-------+---------+----------+------+
| t004 | 马志超 | 男      | 博士研究生 | 教授 |
| t007 | 赵楠  | 女      | 博士研究生 | 教授 |
+------+-------+---------+----------+------+
2 rows in set (0.00 sec)

Query OK, 0 rows affected (0.01 sec)
```

图 6-3　按给定表达式值传递参数的运行结果

6.3.3　创建和执行带输出参数的存储过程

如果需要从存储过程中返回一个或多个值，可以在创建存储过程的语句中定义输出参数。定义输出参数，需要在 CREATE PROCEDURE 语句中定义参数时在参数名前面指定 OUT 关键字。

语法格式如下：

```
OUT parameter_name datatype[=default]
```

【例 6-6】创建存储过程 p_jiaoshi3，要求能根据用户给定的学历值，统计出"教师"表的所有教师中学历为该值的教师人数，并将结果以输出变量的形式返回给调用者。

对应的 SQL 语句如下：

```
DELIMITER //
CREATE PROCEDURE p_jiaoshi3(IN tedu1 varchar(20),
                            OUT teachernum smallint)
BEGIN
  SELECT COUNT(*) INTO teachernum FROM teacher WHERE tedu=tedu1;
END//
DELIMITER ;
```

【例 6-7】执行存储过程 p_jiaoshi3，统计教师表中学历为"硕士研究生"的教师人数。

由于在存储过程 p_jiaoshi3 中使用了输出参数 teachernum，所以在调用该存储过程之前，要先设置一个变量来接收存储过程的输出参数。

对应的 SQL 语句如下：

```
SET @abc=0;
CALL p_jiaoshi3('硕士研究生',@abc);
SELECT @abc;
```

运行结果如图 6-4 所示。

```
mysql> CALL p_jiaoshi3('硕士研究生',@abc);
Query OK, 0 rows affected (0.00 sec)

mysql> SELECT @abc;
+------+
| @abc |
+------+
|    4 |
+------+
1 row in set (0.00 sec)
```

图 6-4 带输出参数的存储过程 p_jiaoshi3 的运行结果

【例 6-8】在"学生选课"数据库中创建存储过程 p_jiaoshi4，要求能根据用户给定的性别，统计"教师"表中性别为该值的教师人数，并将结果以输出变量的形式返回给用户。

对应的 SQL 语句如下：

```
USE 学生选课;
DELIMITER //
CREATE PROCEDURE p_jiaoshi4(in_sex char(2),out out_num int)
BEGIN
  IF in_sex='男' THEN
    SELECT COUNT(tgender) INTO out_num FROM teacher WHERE tgender ='男';
  ELSE
    SELECT COUNT(tgender) INTO out_num FROM teacher WHERE tgender ='女';
  END IF;
END//
DELIMITER ;
```

【例 6-9】执行存储过程 p_jiaoshi4，统计教师表中性别为"男"的教师人数。

对应的 SQL 语句如下：

```
SET @abc=0;
CALL p_jiaoshi4('男',@abc);
SELECT @abc;
```

运行结果如图 6-5 所示。

```
mysql> CALL p_jiaoshi4('男',@abc);
Query OK, 0 rows affected (0.00 sec)

mysql> SELECT @abc;
+------+
| @abc |
+------+
|    4 |
+------+
1 row in set (0.00 sec)
```

图 6-5 带输出参数的存储过程 p_jiaoshi4 的运行结果

6.4 管理存储过程

6.4.1 查看存储过程

存储过程创建后被存储在 information_schema 数据库的 ROUTINES 表中，其源代码被存放在系统数据库 mysql 的 proc 表中。可以使用以下两种方法来显示数据库内存储过程的列表。

（1）SELECT name FROM mysql.proc WHERE db='数据库名'。

（2）SELECT routine_name FROM information_schema. ROUTINES WHERE routine_schema='数据库名'。

使用"SHOW PROCEDURE status WHERE db='数据库名'"可以显示数据库内存储过程的名称和详细信息。

【例 6-10】查看"学生选课"数据库内存储过程的信息。

对应的 SQL 语句如下：

```
USE 学生选课;
SELECT * FROM mysql.proc WHERE db='学生选课';
```

使用"SHOW CREATE PROCEDURE 数据库.存储过程名;"可以查看指定存储过程的定义语句等信息。

【例 6-11】查看存储过程 p_jiaoshi3 的定义语句等信息。

对应的 SQL 语句如下：

```
USE 学生选课;
SHOW CREATE PROCEDURE p_jiaoshi3\G
```

执行结果如图 6-6 所示。

```
mysql> SHOW CREATE PROCEDURE p_jiaoshi3\G
*************************** 1. row ***************************
           Procedure: p_jiaoshi3
            sql_mode: STRICT_TRANS_TABLES,NO_AUTO_CREATE_USER,NO_ENGINE_SUBSTITUTION
    Create Procedure: CREATE DEFINER=`root`@`localhost` PROCEDURE `p_jiaoshi3`(IN tedu
OUT teachernum smallint)
BEGIN
SELECT COUNT(*) INTO teachernum FROM teacher WHERE tedu=tedu1;
END
character_set_client: gb2312
collation_connection: gb2312_chinese_ci
  Database Collation: gb2312_chinese_ci
1 row in set (0.00 sec)
```

图 6-6 查看存储过程 p_jiaoshi3 的定义语句等信息

6.4.2 修改存储过程

修改存储过程是由 ALTER PROCEDURE 语句来完成的，其语法格式如下：

```
ALTER PROCEDURE sp_name [characteristic…];
```

参数说明如下。

- sp_name 参数表示存储过程或函数的名称。

- characteristic 参数指定存储函数的特性。其内容和含义参照存储过程的定义语句。

注意

使用 ALTER 语句只能修改存储过程的特性。如果要重新定义已有的存储过程，建议先删除该存储过程，然后再进行创建。

【例 6-12】修改存储过程 p_jiaoshi1 的定义，将读写权限改为 MODIFIES SQL DATA，并指明调用者可以执行。

对应的 SQL 语句如下：

```
ALTER  PROCEDURE  p_jiaoshi1
     MODIFIES SQL DATA
     SQL SECURITY INVOKER ;
```

【例 6-13】查询修改后的存储过程 p_jiaoshi1 的信息。

对应的 SQL 语句如下：

```
SELECT SPECIFIC_NAME,SQL_DATA_ACCESS,SECURITY_TYPE
FROM information_schema.ROUTINES
WHERE ROUTINE_NAME='p_jiaoshi1' ;
```

运行结果如图 6-7 所示。

```
mysql> SELECT SPECIFIC_NAME,SQL_DATA_ACCESS,SECURITY_TYPE
    -> FROM information_schema.Routines
    -> WHERE ROUTINE_NAME='p_jiaoshi1' ;
+---------------+------------------+---------------+
| SPECIFIC_NAME | SQL_DATA_ACCESS  | SECURITY_TYPE |
+---------------+------------------+---------------+
| p_jiaoshi1    | MODIFIES SQL DATA| INVOKER       |
+---------------+------------------+---------------+
1 row in set (0.04 sec)
```

图 6-7 修改后的存储过程 p_jiaoshi1 的信息

由查询结果可以看出，访问数据的权限（SQL_DATA_ACCESS）已经变成了 MODIFIES SQL DATA，安全类型（SECURITY_TYPE）已经变成了 INVOKER。

6.4.3 删除存储过程

存储过程的删除是通过 DROP PROCEDURE 语句来实现的。其语法格式如下：

```
DROP PROCEDURE [IF EXISTS] sp_name;
```

参数说明如下。

- 删除时如果存储过程不存在，使用 IF EXISTS 语句可以防止发生错误。

【例 6-14】删除"学生选课"数据库中的存储过程 p_jiaoshi2。

对应的 SQL 语句如下：

```
USE 学生选课;
DROP PROCEDURE p_jiaoshi2;
```

6.5 存储函数

6.5.1 存储过程与存储函数的联系与区别

存储函数和存储过程在结构上很相似,都是由 SQL 语句和过程式语句组成的代码段,都可以被别的应用程序或 SQL 语句所调用。

但是它们之间是有区别的,主要区别如下。

(1)存储函数由于本身就要返回处理的结果,所以不需要输出参数,而存储过程则需要用输出参数返回处理结果。

(2)存储函数不需要使用 CALL 语句进行调用,而存储过程必须使用 CALL 语句进行调用。

(3)存储函数必须使用 RETURN 语句返回结果,存储过程不需要 RETURN 语句返回结果。

6.5.2 创建和执行存储函数

在 MySQL 中,创建存储函数的基本语法结构如下:

```
CREATE FUNCTION fn_name([func_parameter[,…]])
RETURNS type
[characteristic…]
routine_body
```

参数说明:

- fn_name 是创建的存储函数的名字。
- RETURNS type 子句用于声明存储函数返回值的数据类型。

其余参数和创建存储过程语句中的含义一样。

【例 6-15】创建一个存储函数,返回两个数中的最大数。

对应的 SQL 语句如下:

```
DELIMITER //
CREATE FUNCTION maxNumber(x SMALLINT UNSIGNED,
y SMALLINT UNSIGNED)
RETURNS SMALLINT
BEGIN
  DECLARE max SMALLINT UNSIGNED DEFAULT 0;
  IF x>y
    THEN SET max = x;
    ELSE SET max = y;
  END IF;
  RETURN max;
END//
DELIMITER ;
```

调用该存储函数的过程如下:

```
SET @num1=10;
SET @num2=20;
SET @result=maxNumber(@num1,@num2);
SELECT @result;
```

运行结果如图 6-8 所示。

```
mysql> SET @num1=10;
Query OK, 0 rows affected (0.00 sec)

mysql> SET @num2=20;
Query OK, 0 rows affected (0.00 sec)

mysql> SET @result=maxNumber(@num1,@num2);
Query OK, 0 rows affected (0.00 sec)

mysql> SELECT @result;
+---------+
| @result |
+---------+
|      20 |
+---------+
1 row in set (0.00 sec)
```

图 6-8 调用存储函数 maxNumber

【例 6-16】创建一个存储函数，计算 1 到 100 的整数之和。

对应的 SQL 语句如下：

```
DELIMITER //
CREATE FUNCTION addSum()
RETURNS SMALLINT
BEGIN
  DECLARE i INT DEFAULT 0;
  DECLARE sum INT DEFAULT 0;
  Sum_loop:LOOP
          SET i=i+1;
          SET sum=sum+i;
          IF i>=100 THEN LEAVE Sum_loop;
          END IF;
        END LOOP Sum_loop;
RETURN sum;
END//
DELIMITER ;
```

调用该存储函数的过程如下：

```
SET @result=addSum();
SELECT @result;
```

运行结果如图 6-9 所示。

```
mysql> SET @result=addSum();
Query OK, 0 rows affected (0.00 sec)

mysql> SELECT @result;
+---------+
| @result |
+---------+
|    5050 |
+---------+
1 row in set (0.00 sec)
```

图 6-9　调用存储函数 addSum

6.5.3　查看存储函数

同存储过程相同，存储函数被创建之后，用户也可以使用同样的方法来查看用户创建的存储函数的相关信息。

可以使用以下两种方法显示数据库内存储函数的列表。

（1）SELECT name FROM mysql.proc WHERE db='数据库名'。

（2）SELECT routine_name FROM information_schema. ROUTINES
　　　 WHERE routine_schema='数据库名'。

使用"SHOW PROCEDURE status WHERE db='数据库名'"可以显示数据库内所有存储函数的名称和存储函数的详细信息。

使用"SHOW CREATE FUNCTION 数据库.存储函数名"可以查看指定存储函数的定义信息。

6.5.4　删除存储函数

存储函数的删除是通过 DROP FUNCTION 语句来实现的。其语法格式如下：

```
DROP FUNCTION [IF EXISTS] fn_name;
```

例如：删除 addSum 函数，可以使用如下命令：

```
DROP FUNCTION addSum;
```

6.5.5　MySQL 的系统函数

为了能更好地为用户服务，MySQL 提供了丰富的系统函数，这些函数无需定义就能直接使用，其中包括数学函数、聚合函数、字符串函数、日期和时间函数等。

1. 数学函数

ABS(x)：返回 x 的绝对值。
BIN(x)：返回 x 的二进制值。
CEILING(x)：返回大于等于 x 的最小整数值。
EXP(x)：返回自然对数 e 的 x 次方。
FLOOR(x)：返回小于等于 x 的最大整数值。
LN(x)：返回 x 的自然对数。

LOG(x,y)：返回 x 以 y 为底的对数。
MOD(x,y)：返回 x/y 的余数。
PI()：返回圆周率的值。
RAND()：返回 0 到 1 内的随机数。
ROUND(x,y)：返回 x 四舍五入到 y 位小数的值。
SIGN(x)：返回 x 的符号。其中-1 代表负数，1 代表正数，0 代表 0。
SQRT(x)：返回 x 的平方根。

2. 字符串函数

ASCII(char)：返回字符的 ASCII 码值。
CONCAT(s1,s2…,sn)：将字符串 s1,s2…,sn 连接成一个字符串。
LCASE(str)或 LOWER(str)：返回将字符串 str 中所有字符改变为小写字母后的结果。
UCASE(str)或 UPPER(str)：返回将字符串 str 中所有字符改变为大写字母后的结果。
LEFT(str,x)：返回字符串 str 中最左边的 x 个字符。
RIGHT(str,x)：返回字符串 str 中最右边的 x 个字符。
LENGTH(s)：返回字符串 str 中的字符数。
LTRIM(str)：从字符串 str 中去掉开头的空格。
RTRIM(str)：从字符串 str 中去掉尾部的空格。
TRIM(str)：去除字符串 str 首部和尾部的所有空格。
POSITION(substr,str)：返回子串 substr 在字符串 str 中第一次出现的位置。
REVERSE(str)：返回颠倒字符串 str 后的结果。
STRCMP(s1,s2)：比较字符串 s1 和 s2 的大小，s1 大于 s2 时返回 1，s1 等于 s2 时返回 0，s1 小于 s2 时返回-1。

3. 日期和时间函数

CURDATE()或 CURRENT_DATE()：返回系统当前的日期。
CURTIME()或 CURRENT_TIME()：返回系统当前的时间。
DAYOFWEEK(date)：返回日期 date 是一个星期的第几天(1～7)。
DAYOFMONTH(date)：返回日期 date 是一个月的第几天(1～31)。
DAYOFYEAR(date)：返回日期 date 是一年的第几天(1～366)。
HOUR(time)：返回时间 time 的小时值(0～23)。
MINUTE(time)：返回时间 time 的分钟值(0～59)。
MONTH(date)：返回日期 date 的月份值(1～12)。
MONTHNAME(date)：返回日期 date 的月份名。
NOW()：返回系统当前的日期和时间。
QUARTER(date)：返回日期 date 在一年中所处的季度(1～4)。
WEEK(date)：返回日期 date 为一年中第几周(0～53)。
YEAR(date)：返回日期 date 的年份(1000～9999)。

6.6 事务

6.6.1 事务概述

所谓的事务是指由用户定义的一系列数据库更新操作,这些操作要么都执行,要么都不执行,是一个不可分割的逻辑工作单元。这里的更新操作主要是指对数据库内容产生修改作用的操作,如 INSERT、DELETE、UPDATE 等操作。

事务是实现数据库中数据一致性的重要技术。例如在银行转账业务的处理过程中,客户 A 要给客户 B 转账。当转账进行到一半时,发生断电等异常事故,导致客户 A 的钱已转出,客户 B 的钱还没有转入,这样就会导致数据库中数据的不一致,给客户带来损失。在转账业务处理中引入事务机制,就可以在意外发生时撤销整个转账业务,恢复数据库到数据处理之前的状态,从而确保数据的一致性。

1. 事务处理语句

(1)启动事务

MySQL 启动事务的语句格式如下:

```
START TRANSACTION;
```

(2)提交事务

启动事务之后,就开始执行事务内的 SQL 语句,当 SQL 语句执行完毕后,必须提交事务,才能使事务中的所有操作永久生效。提交事务的语句格式如下:

```
COMMIT;
```

(3)回滚事务

当事务在执行过程中遇到错误时,事务中的所有操作都要被取消,返回到事务执行前的状态,这就是回滚事务。回滚事务的语句格式如下:

```
ROLLBACK;
```

2. 事务的特性

事务必须具有 ACID 特性,即原子性(Atomicity)、一致性(Consistency)、隔离性(Isolation)和持久性(Durability)。

(1)原子性

原子性是指事务是一个不可分割的逻辑工作单元,事务处理的操作要么全部执行,要么全部不执行。

(2)一致性

一致性是指事务在执行前后必须处于一致性状态。如果事务全部正确执行,数据库的变化将生效,从而处于有效状态;如果事务执行失败,系统将会回滚,从而将数据库恢复到事务执行前的有效状态。

(3)隔离性

隔离性是指当多个事务并发执行时，各个事务之间不能相互干扰。

（4）持久性

持久性是指事务完成后，事务对数据库中数据的修改将永久保存。

6.6.2 事务的提交

为了使事务中 SQL 语句执行的修改操作永久保存在数据库中，事务处理结束时必须由用户提交事务。

例如，在手动提交的方式下，启动一个事务，在 teacher 表中插入两条记录，具体语句如下：

```
START TRANSACTION;
INSERT INTO teacher
VALUES('t006','张君瑞','男','硕士研究生','副教授');
INSERT INTO teacher
VALUES('t007','赵楠','女','博士研究生','教授');
```

执行之后用 SELECT 语句查询 teacher 表。执行结果如图 6-10 所示。

```
mysql> select * from teacher;
+------+--------+---------+-----------+-----------+
| tno  | tname  | tgender | tedu      | tpro      |
+------+--------+---------+-----------+-----------+
| t001 | 吴亚飞 | 男      | 本科      | 讲师      |
| t002 | 李琦   | 男      | 硕士研究生| 副教授    |
| t003 | 王艳红 | 女      | 硕士研究生| 讲师      |
| t004 | 马志超 | 男      | 博士研究生| 教授      |
| t005 | 万丽   | 女      | 硕士研究生| 助理讲师  |
| t006 | 张君瑞 | 男      | 硕士研究生| 副教授    |
| t007 | 赵楠   | 女      | 博士研究生| 教授      |
+------+--------+---------+-----------+-----------+
7 rows in set (0.00 sec)
```

图 6-10 启动事务插入记录后的查询结果

从以上结果来看，似乎已经完成了事务的处理，但是退出数据库重新登录后，再次对 teacher 表进行查询。结果如图 6-11 所示。

```
mysql> use 学生选课
Database changed
mysql>  select * from teacher;
+------+--------+---------+-----------+-----------+
| tno  | tname  | tgender | tedu      | tpro      |
+------+--------+---------+-----------+-----------+
| t001 | 吴亚飞 | 男      | 本科      | 讲师      |
| t002 | 李琦   | 男      | 硕士研究生| 副教授    |
| t003 | 王艳红 | 女      | 硕士研究生| 讲师      |
| t004 | 马志超 | 男      | 博士研究生| 教授      |
| t005 | 万丽   | 女      | 硕士研究生| 助理讲师  |
+------+--------+---------+-----------+-----------+
5 rows in set (0.00 sec)
```

图 6-11 查询 teacher 表的记录

从以上结果可以看出，事务中的记录插入操作最终并未完成，这是因为事务未经提交（COMMIT）就已经退出数据库了，由于采用的是手动提交模式，事务中的操作被自动取消了。为了能够把两条记录永久写入数据库中，需要在事务处理结束后加入 COMMIT 语句来完成整个事务的提交。具体代码如下：

```
START TRANSACTION;
INSERT INTO teacher
    VALUES('t006','张君瑞','男','硕士研究生','副教授');
INSERT INTO teacher
    VALUES('t007','赵楠','女','博士研究生','教授');
COMMIT;
```

执行完毕后，退出数据库重新登录，使用 SELECT 语句查询 teacher 表中的记录，查询结果如图 6-12 所示。

```
mysql> select * from teacher;
+------+--------+---------+--------------+----------+
| tno  | tname  | tgender | tedu         | tpro     |
+------+--------+---------+--------------+----------+
| t001 | 吴亚飞 | 男      | 本科         | 讲师     |
| t002 | 李琦   | 男      | 硕士研究生   | 副教授   |
| t003 | 王艳红 | 女      | 硕士研究生   | 讲师     |
| t004 | 马志超 | 男      | 博士研究生   | 教授     |
| t005 | 万丽   | 女      | 硕士研究生   | 助理讲师 |
| t006 | 张君瑞 | 男      | 硕士研究生   | 副教授   |
| t007 | 赵楠   | 女      | 博士研究生   | 教授     |
+------+--------+---------+--------------+----------+
7 rows in set (0.00 sec)
```

图 6-12 查询 teacher 表的结果

显然，两条记录永久性地插入到 teacher 表中。

6.6.3 事务的回滚

如果事务尚未提交出现了操作错误，可以通过事务的回滚来取消当前事务，把数据库恢复到事务处理之前的状态。

下面用一个实例来说明事务回滚。首先在 teacher 表中插入两条记录，先不提交，语句如下：

```
START TRANSACTION;
INSERT INTO teacher
    VALUES('t006','张君瑞','男','硕士研究生','副教授');
INSERT INTO teacher
    VALUES('t007','赵楠','女','博士研究生','教授');
```

插入之后用 SELECT 语句查询 teacher 表。执行结果如图 6-13 所示。

```
mysql> select * from teacher;
+------+--------+---------+--------------+----------+
| tno  | tname  | tgender | tedu         | tpro     |
+------+--------+---------+--------------+----------+
| t001 | 吴亚飞 | 男      | 本科         | 讲师     |
| t002 | 李琦   | 男      | 硕士研究生   | 副教授   |
| t003 | 王艳红 | 女      | 硕士研究生   | 讲师     |
| t004 | 马志超 | 男      | 博士研究生   | 教授     |
| t005 | 万丽   | 女      | 硕士研究生   | 助理讲师 |
| t006 | 张君瑞 | 男      | 硕士研究生   | 副教授   |
| t007 | 赵楠   | 女      | 博士研究生   | 教授     |
+------+--------+---------+--------------+----------+
7 rows in set (0.00 sec)
```

图 6-13 查询 teacher 表的结果

如果事务处理过程中出现了问题,在事务没有提交的情况下,可以进行事务的回滚,具体操作如下:

```
ROLLBACK;
```

ROLLBACK 语句执行完毕后,再次使用 SELECT 语句查询 teacher 表。结果如图 6-14 所示。

```
mysql> select * from teacher;
+------+--------+---------+-----------+-----------+
| tno  | tname  | tgender | tedu      | tpro      |
+------+--------+---------+-----------+-----------+
| t001 | 吴亚飞 | 男      | 本科      | 讲师      |
| t002 | 李琦   | 男      | 硕士研究生| 副教授    |
| t003 | 王艳红 | 女      | 硕士研究生| 讲师      |
| t004 | 马志超 | 男      | 博士研究生| 教授      |
| t005 | 万丽   | 女      | 硕士研究生| 助理讲师  |
+------+--------+---------+-----------+-----------+
5 rows in set (0.00 sec)
```

图 6-14 查询 teacher 表的结果

从查询结果可以看出,插入操作已经被取消,数据库恢复到了事务处理之前的状态。

6.6.4 事务的隔离级别

MySQL 在数据库访问过程中采用的是并发访问方式。在多个线程同时开启事务访问数据库时,可能会出现脏读、不可重复读以及幻读等情况。

(1)脏读

脏读就是一个事务读取了另一个事务没有提交的数据。即第一个事务正在访问数据,并且对数据进行了修改,当这些修改还没有提交时,第二个事务访问和使用了这些数据。如果第一个事务回滚,那么第二个事务访问和使用的数据就是错误的脏数据。

(2)不可重复读

不可重复读是指在一个事务内,对同一数据进行了两次相同查询,但返回结果不同。这是由于在一个事务两次读取数据之间,有第二个事务对数据进行了修改,造成两次读取数据的结果不同。

(3)幻读

幻读是指在同一事务中,两次按相同条件查询到的记录不一样。造成幻读的原因在于事务处理没有结束时,其他事务对同一数据集合增加或者删除了记录。

为了避免以上情况的发生,MySQL 设置了事务的四种隔离级别,由低到高分别为 READ UNCOMMITTED、READ COMMITTED、REPEATABLE READ、SERIALIZABLE,能够有效地防止脏读、不可重复读以及幻读等情况。

(1) READ UNCOMMITTED

READ UNCOMMITTED 是指"读未提交",该级别下的事务可以读取另一个未提交事务的数据,它是最低事务隔离级别。这种隔离级别在实际应用中容易出现脏读等情况,因此很少被应用。

(2) READ COMMITTED

READ COMMITTED 是指"读提交",该级别下的事务只能读取其他事务已经提交的数据。

这种隔离级别容易出现不可重复读的问题。

（3）REPEATABLE READ

REPEATABLE READ 是指"可重复读"，是 MySQL 的默认事务隔离级别。它确保同一事务的多个实例并发读取数据时，读到的数据是相同的。这种隔离级别容易出现幻读的问题。

（4）SERIALIZABLE

SERIALIZABLE 是指"可串行化"，是 MySQL 最高的事务隔离级别。它通过对事务进行强制性的排序，使事务之间不会相互冲突，从而解决幻读问题。但是这种隔离级别容易出现超时现象和锁竞争。

各个隔离级别可能产生的问题如表 6-1 所示。

表 6-1 隔离级别和并发副作用

隔离级别	脏读	不可重复读	幻读
READ UNCOMMITTED	√	√	√
READ COMMITTED	×	√	√
REPEATABLE READ	×	×	√
SERIALIZABLE	×	×	×

用户可以用 SET TRANSACTION 语句改变当前会话或所有新建连接的隔离级别。它的语法格式如下：

```
SET [SESSION | GLOBAL] TRANSACTION ISOLATION LEVEL {READ UNCOMMITTED | READ COMMITTED | REPEATABLE READ | SERIALIZABLE}
```

例如设置当前会话的隔离级别为 READ COMMITTED，具体语句如下：

```
SET SESSION TRANSACTION ISOLATION LEVEL READ COMMITTED;
```

本章小结

- 变量的定义与赋值。
- 流程控制语句。
- 光标的定义与使用。
- 存储过程的创建、调用、修改和删除。
- 存储函数的创建、使用、查看和删除。
- 事务的特性，启动事务、提交事务、回滚事务的语句。
- 事务的隔离级别。

实训项目

项目 1：在"网上书店"数据库中创建存储过程

目的：掌握存储过程的创建和执行。

内容：

在"网上书店"数据库中创建一个名为 proc_1 的存储过程，实现查询所有会员信息的功能。

项目 2：在"网上书店"数据库中创建带输入输出参数的存储过程

目的：掌握存储过程中输入、输出参数的使用。

内容：

（1）在"网上书店"数据库中创建一个名为 proc_2 的存储过程，要求实现如下功能：根据会员昵称查询会员的积分情况。并调用存储过程，查询"平平人生"和"感动心灵"的积分。

（2）在"网上书店"数据库中创建一个名为 proc_3 的存储过程，要求实现如下功能：根据会员昵称查询会员的订购信息，如果该会员没有订购任何图书，则输出"某某会员没有订购图书"的信息；否则输出订购图书的相关信息。调用存储过程，显示会员"四十不惑"订购图书的情况。

项目 3：在"网上书店"数据库中实现事务处理

目的：掌握事务的启动、提交和回滚

内容：

启动一个事务，在事务中使用 SQL 语句删除"网上书店"数据库中会员表的所有记录，第一次不提交事务，第二次提交事务，第三次回滚事务。重启 MySQL 服务器分别查看记录是否被永久删除。

课后习题

一．选择题

1. CREATE PROCEDURE 是用来创建（　　）的语句。
   A．程序　　　　　　　　B．存储过程
   C．触发器　　　　　　　D．存储函数
2. 要删除一个名为 AA 的存储过程，应该使用命令（　　）PROCEDURE AA。
   A．DELETE　　　　　　B．ALTER
   C．DROP　　　　　　　D．EXECUTE
3. 执行带参数的存储过程，正确的方法为：（　　）
   A．CALL 存储过程名(参数)
   B．CALL 存储过程名 参数
   C．存储过程名=参数
   D．以上答案都正确
4. 用户定义的一系列数据库更新操作，这些操作要么都执行，要么都不执行，是一个不可分割的逻辑工作单元，这体现了事务的（　　）。
   A．原子性　　　　　　　B．一致性
   C．隔离性　　　　　　　D．持久性

5. 事务的隔离级别中，（　）可以解决幻读问题。
   A. READ UNCOMMITTED
   B. READ COMMITTED
   C. REPEATABLE READ
   D. SERIALIZABLE

二．问答题

1. 什么是存储过程？写出存储过程的创建、修改和删除语句。
2. 什么是存储函数？写出存储函数的创建、查看和删除语句。
3. 事务具有哪些特性？
4. 事务的隔离级别有哪些，各自有什么特点？

第 7 章

索引、视图和触发器

本章目标：

- 理解索引的概念和分类
- 掌握索引的创建
- 了解查看索引信息的方式
- 掌握创建视图
- 掌握管理视图
- 了解通过视图修改数据
- 了解触发器的概念
- 掌握创建、删除触发器
- 了解触发器的常见应用

在关系数据库中，视图和索引主要起到辅助查询和组织数据的功能，通过使用它们，可以大大提高查询数据的效率。视图和索引的主要区别是：视图将查询语句压缩，将大部分查询语句放在服务端，而客户端只需要输入要查询的信息，不用写出大量的查询代码。而索引的作用类似于目录，使得查询更快速、更高效，适用于访问大型数据库。

触发器是常用的数据库对象。触发器主要用于监视对表的 INSERT、UPDATE、DELETE 等更新操作，这些操作可以分别激活该表的 INSERT、UPDATE、DELETE 类型的触发器，从而为数据库自动维护提供便利。

7.1 索引

在数据库操作中，用户经常需要查找特定的数据，而索引则用来快速寻找那些具有特定值的记录。例如，当执行"select * from student where sno='11101001'"语句时，如果没有索引，MySQL 数据库必须从第一条记录开始扫描表，直至找到 sno 字段值是 11101001 的记录。表里面的记录数量越多，这个操作花费的时间代价就越高。如果在作为搜索条件的字段上创建了索引，MySQL 在查找时，无需扫描任何记录即可迅速得到目标记录所在的位置，能大大提高查找的效率。

7.1.1 索引概述

如果把数据表看作一本书，则表的索引就如同书的目录一样，可以大大提高查询速度，改善数据库的性能。其具体表现如下。

（1）唯一性索引可以保证数据记录的唯一性。

（2）可以加快数据的检索速度。

（3）可以加快表与表之间的连接，这一点在实现数据的参照完整性方面有特别的意义。

（4）在使用 ORDER BY 和 GROUP BY 子句进行数据检索时，可以显著减少查询中分组和排序的时间。

（5）在检索数据的过程中使用优化隐藏器，可以提高系统性能。

但是，索引带来的检索速度的提高也是有代价的，因为索引要占用存储空间，而且为了维护索引的有效性，向表中插入数据或者更新数据时，数据库还要执行额外的操作来维护索引。所以，过多的索引不一定能提高数据库的性能，必须科学地设计索引，才能提高数据库的性能。

7.1.2 索引的分类

MySQL 中索引分为很多种，具体如下。

（1）普通索引

普通索引是由 KEY 或 INDEX 定义的索引，它是 MySQL 中的基本索引类型，允许在定义索引的字段中插入重复值和空值。该类型索引可以创建在任何数据类型中。

（2）唯一索引

唯一索引是由 UNIQUE 定义的索引，指索引字段的值必须唯一，但允许有空值。如果是在多个字段上建立的组合索引，则字段值的组合必须唯一。

在创建主键和唯一约束的字段上会自动创建唯一索引。主键索引是一种特殊的唯一索引，不允许有空值。

（3）全文索引

全文索引是由 FULLTEXT 定义的索引，是指在定义索引的字段上支持值的全文查找。该索引类型允许在索引字段上插入重复值和空值，它只能创建在 CHAR、VARCHAR 或 TEXT 类型的字段上。旧版的 MySQL 只有 MyISAM 存储引擎支持全文索引，MySQL 5.6 版本后 InnoDB 存储引擎也支持全文索引。

（4）空间索引

空间索引是由 SPATIAL 定义的索引，是只能在空间数据类型的字段上建立的索引。MySQL 中空间数据类型有 4 种，分别是 GEOMETRY、POINT、LINESTRING 和 POLYGON。需要注意的是，创建空间索引的字段，必须将其声明为 NOT NULL。旧版的 MySQL 只有 MyISAM 存储引擎支持空间索引，从 MySQL 5.7.4 实验室版本开始，InnoDB 存储引擎新增了对空间索引的支持功能。

（5）单列索引

单列索引指在表中单个字段上创建的索引。它可以是普通索引、唯一索引或者全文索引，只要保证该索引只对应表中的一个字段即可。

（6）多列索引

多列索引指在表中多个字段上创建的索引。只有在查询条件中使用了这些字段中的第一个字段时，该索引才会被使用。例如在学生表的"学号""姓名"和"班级"字段上创建一个多列索引，那么，只有在查询条件中使用了"学号"字段时，该索引才会被使用。

7.1.3 索引的设计原则

索引设计不合理或缺少索引都会给数据库的应用造成障碍。高效的索引对于用户获得良好的性能体验非常重要。设计索引时，应该考虑以下原则。

（1）索引并非越多越好

一个表中如有大量的索引，不仅占用磁盘空间，而且会影响 INSERT、UPDATE、DELETE 等语句的性能。因为在更改表中的数据的同时，索引也会进行调整和更新。

（2）避免对经常更新的表建立过多的索引

避免对经常更新的表建立过多的索引，并且索引中的字段要尽可能得少。对经常查询的字段应该建立索引，但要避免对不必要的字段建立索引。

（3）数据量小的表最好不要使用索引

由于数据较少，查询花费的时间可能比遍历索引的时间还要短，索引可能不会产生优化的效果。

（4）在不同值较少的字段上不要建立索引

字段中的不同值比较少，例如学生表的"性别"字段，只有"男"和"女"两个值，这样的字段就无须建立索引，建立索引后不但不会提高查询效率，反而会严重降低更新速度。

（5）为经常需要进行排序、分组和连接查询的字段建立索引

为频繁进行排序或分组的字段和经常进行连接查询的字段创建索引。

7.1.4 创建索引

在 MySQL 中，创建索引的方式有三种，具体如下。

1. 创建表的时候直接创建索引

用 CREATE TABLE 命令创建表的时候就创建索引，此方式简单、方便。其语法格式如下：

```
CREATE TABLE 表名
  (字段名    数据类型[完整性约束条件],
  字段名    数据类型[完整性约束条件],
  …
  字段名  数据类型,
  [UNIQUE|FULLTEXT|SPATIAL]  INDEX|KEY   [别名](字段名[(长度)])  [ASC|DESC]
    );
```

参数说明：
- UNIQUE：表示创建唯一索引，在索引字段中不能有相同的值存在。
- FULLTEXT：表示创建全文索引。
- SPATIAL：表示创建空间索引。
- 别名：表示创建的索引的名称。不加此选项，则默认用创建索引的字段名作为该索引名称。
- 长度：指定字段中用于创建索引的长度。不加此选项，则默认用整个字段内容创建索引。
- ASC|DESC：表示创建索引时的排序方式。其中 ASC 为升序排列，DESC 为降序排列。默认为升序排列。

【例 7-1】创建 teacher_1 表，同时在表的 tname 字段上建立普通索引。SQL 语句如下：

```
CREATE TABLE teacher_1
(tno CHAR (4)  NOT NULL,
tname VARCHAR(10)  NOT NULL,
tgender CHAR(1),
tedu VARCHAR(10) ,
tpro VARCHAR(8),
INDEX (tname)
);
```

上述 SQL 语句执行后，使用 SHOW CREATE TABLE 语句查看表的结构，结果如图 7-1 所示。

从图 7-1 可以看出，tname 字段上已经创建了一个名称为 tname 的索引。可以使用 EXPLAIN 语句查看索引是否被使用，SQL 代码如下：

```
EXPLAIN SELECT * FROM teacher_1  WHERE tname='马艳红' \G
```

执行结果如图 7-2 所示。

```
mysql> SHOW CREATE TABLE teacher_1\G
*************************** 1. row ***************************
       Table: teacher_1
Create Table: CREATE TABLE `teacher_1` (
  `tno` char(4) NOT NULL,
  `tname` varchar(10) NOT NULL,
  `tgender` char(1) DEFAULT NULL,
  `tedu` varchar(10) DEFAULT NULL,
  `tpro` varchar(8) DEFAULT NULL,
  PRIMARY KEY (`tno`),
  KEY `tname` (`tname`)
) ENGINE=InnoDB DEFAULT CHARSET=utf8
1 row in set (0.01 sec)
```

图 7-1 使用 SHOW CREATE TABLE 语句查看 teacher_1 表的结构

```
mysql> EXPLAIN SELECT * FROM teacher_1 WHERE tname='马艳红'\G
*************************** 1. row ***************************
           id: 1
  select_type: SIMPLE
        table: teacher_1
         type: ref
possible_keys: tname
          key: tname
      key_len: 32
          ref: const
         rows: 1
        Extra: Using index condition
1 row in set (0.03 sec)
```

图 7-2 使用 EXPLAIN 查看到 SELECT 语句执行结果

从图 7-2 可以看出,"possible_keys"和"key"的值都为 tname,说明 tname 索引已经存在并且已经被使用了。

【例 7-2】创建 course_1 表,在 cname 字段上创建名为 UK_cname 的唯一索引,并且按照升序排列。SQL 语句如下:

```
CREATE TABLE course_1
( cno CHAR(4) NOT NULL PRIMARY KEY,
cname VARCHAR(40),
cperiod INT,
credit DECIMAL(3,1),
ctno CHAR(4),
brief VARCHAR(255),
UNIQUE INDEX UK_cname(cname ASC)
);
```

上述 SQL 语句执行后,使用 SHOW CREATE TABLE 语句查看表的结构,结果如图 7-3 所示。

```
mysql> SHOW CREATE TABLE course_1\G
*************************** 1. row ***************************
       Table: course_1
Create Table: CREATE TABLE `course_1` (
  `cno` char(4) NOT NULL,
  `cname` varchar(40) DEFAULT NULL,
  `cperiod` int(11) DEFAULT NULL,
  `credit` decimal(3,1) DEFAULT NULL,
  `ctno` char(4) DEFAULT NULL,
  `brief` varchar(255) DEFAULT NULL,
  PRIMARY KEY (`cno`),
  UNIQUE KEY `UK_cname` (`cname`)
) ENGINE=InnoDB DEFAULT CHARSET=utf8
1 row in set (0.00 sec)
```

图 7-3 使用 SHOW CREATE TABLE 语句查看 course_1 表的结构

从图 7-3 可以看出，在 course_1 表的 cname 字段上已经创建了一个名为 UK_cname 的唯一索引。

【例 7-3】创建 course_2 表，同时在 course_2 表中的 brief 字段上创建名为 FT_brief 的全文索引。SQL 语句如下：

```
CREATE TABLE course_2
(cno CHAR(4) NOT NULL PRIMARY KEY ,
cname VARCHAR(40),
cperiod INT,
credit DECIMAL(3,1) ,
ctno CHAR(4),
brief VARCHAR(255),
FULLTEXT INDEX FT_brief(brief)
)ENGINE=MyISAM;
```

上述 SQL 语句执行后，使用 SHOW CREATE TABLE 语句查看表的结构，结果如图 7-4 所示。

```
mysql> SHOW CREATE TABLE course_2\G
*************************** 1. row ***************************
       Table: course_2
Create Table: CREATE TABLE `course_2` (
  `cno` char(4) NOT NULL,
  `cname` varchar(40) DEFAULT NULL,
  `cperiod` int(11) DEFAULT NULL,
  `credit` decimal(3,1) DEFAULT NULL,
  `ctno` char(4) DEFAULT NULL,
  `brief` varchar(255) DEFAULT NULL,
  PRIMARY KEY (`cno`),
  FULLTEXT KEY `FT_brief` (`brief`)
) ENGINE=MyISAM DEFAULT CHARSET=utf8
1 row in set (0.00 sec)
```

图 7-4 使用 SHOW CREATE TABLE 语句查看 course_2 表的结构

从图 7-4 可以看出，brief 字段上已经创建了一个名为 FT_brief 的全文索引。

【例 7-4】创建一个名为 e_0 的表，在数据类型为 GEOMETRY 的 space 字段上创建空间索引。SQL 语句如下：

```
CREATE TABLE e_0
( space GEOMETRY NOT NULL,
 SPATIAL INDEX sp(space)
) ENGINE=MyISAM;
```

上述 SQL 语句执行后，使用 SHOW CREATE TABLE 语句查看表的结构，结果如图 7-5 所示。

```
mysql> SHOW CREATE TABLE e_0\G
*************************** 1. row ***************************
       Table: e_0
Create Table: CREATE TABLE `e_0` (
  `space` geometry NOT NULL,
  SPATIAL KEY `sp` (`space`)
) ENGINE=MyISAM DEFAULT CHARSET=utf8
1 row in set (0.00 sec)

mysql>
```

图 7-5 使用 SHOW CREATE TABLE 语句查看 e_0 表的结构

从图 7-5 可以看出，e_0 表中的 space 字段上已经创建了一个名称为 sp 的空间索引。

需要注意的是，创建空间索引的字段的值不能为空。

【例 7-5】创建 course_3 表，同时在 course_3 表中的 cname 字段上创建名为 IDX_cname 的单列索引，索引长度为 10。

对应的 SQL 语句如下：

```
CREATE TABLE course_3(
  cno CHAR(4) NOT NULL PRIMARY KEY,
  cname VARCHAR(40),
  cperiod INT,
  credit DECIMAL(3,1),
  ctno CHAR(4),
  brief VARCHAR(255),
  INDEX IDX_cname(cname(10))
);
```

上述 SQL 语句执行后，使用 SHOW CREATE TABLE 语句查看表的结构，结果如图 7-6 所示。

图 7-6 使用 SHOW CREATE TABLE 语句查看 course_3 表的结构

从图 7-6 可以看出，cname 字段上已经创建了一个名为 IDX_cname 的单列索引，长度为 10。

【例 7-6】创建 elective_1 表，在表中的 sno 字段和 cno 字段上建立多列索引。

对应的 SQL 语句如下：

```
CREATE TABLE elective_1(
  sno CHAR(8) NOT NULL,
  cno CHAR(4) NOT NULL,
  score INT,
  INDEX IDX_multi(sno,cno)
);
```

上述 SQL 语句执行后，使用 SHOW CREATE TABLE 语句查看表的结构，结果如图 7-7 所示。

图 7-7 使用 SHOW CREATE TABLE 语句查看选课表的结构

从图 7-7 可以看出，sno 和 cno 字段上已经创建了一个名为 IDX_multi 的多列索引。

需要注意的是，在多列索引中，只有查询条件中使用了多列索引的第一个字段时，索引才会被引用。

将 sno 字段作为查询条件时，使用 EXPLAIN 语句查看索引的使用情况，SQL 语句执行结果如图 7-8 所示。

```
mysql> EXPLAIN SELECT * FROM elective_1 WHERE sno='10102002' \G
*************************** 1. row ***************************
           id: 1
  select_type: SIMPLE
        table: elective_1
         type: ref
possible_keys: IDX_multi
          key: IDX_multi
      key_len: 25
          ref: const
         rows: 3
        Extra: Using index condition
1 row in set (0.00 sec)
```

图 7-8 使用 EXPLAIN 语句查看用 sno 学号字段作为查询条件时索引的使用

从图 7-8 可以看出，"possible_keys" 和 "key" 的值都为 IDX_multi，说明 IDX_multi 索引已经存在并且已经开始使用了。

将 cno 字段作为查询条件时，使用 EXPLAIN 语句查看索引的使用情况，SQL 语句执行结果如图 7-9 所示。

```
mysql> EXPLAIN SELECT * FROM elective_1 WHERE cno='c002' \G
*************************** 1. row ***************************
           id: 1
  select_type: SIMPLE
        table: elective_1
         type: ALL
possible_keys: NULL
          key: NULL
      key_len: NULL
          ref: NULL
         rows: 21
        Extra: Using where
1 row in set (0.00 sec)
```

图 7-9 使用 EXPLAIN 语句查看用 cno 课程号字段作为查询条件时索引的使用

从图 7-9 可以看出，"possible_keys" 和 "key" 的值都为 NULL，说明 IDX_multi 索引没有被使用。

2. 在已经存在的表上使用 CREATE INDEX 语句创建索引

CREATE INDEX 语句基本的语法形式如下：

```
CREATE [UNIQUE]|[FULLTEXT]|[SPATIAL] INDEX 索引名
ON 表名(字段名[(长度)] [ASC | DESC] [,…]);
```

其中的参数与 CREATE TABLE 语句中的参数含义相同。

先创建一个没有任何索引的学生表 stu。表中包含 sno（学号）字段，sname（姓名）字段，sgender（性别）字段，sbirth（出生日期）字段，sclass（班级）字段，sresume（简历）字段。创建 stu 表的 SQL 语句如下：

```sql
CREATE TABLE stu(
sno char(8) NOT NULL,
sname VARCHAR(10) NOT NULL,
sgender CHAR(1),
sbirth DATE,
sclass VARCHAR(20),
sresume VARCHAR(255)
)ENGINE=MyISAM;
```

【例 7-7】在 stu 表的 sname 字段上创建名为 stu_name 的普通索引。
SQL 语句如下：

```sql
CREATE INDEX stu_name ON stu(sname);
```

【例 7-8】在 stu 表的 sno 字段上创建名为 stu_sno 的唯一索引。
SQL 语句如下：

```sql
CREATE UNIQUE INDEX stu_sno ON stu(sno);
```

【例 7-9】在 stu 表的 sresume 字段上创建名为 stu_sresume 的全文索引。
SQL 语句如下：

```sql
CREATE FULLTEXT INDEX stu_sresume ON stu(sresume);
```

【例 7-10】在 stu 表的 sname 和 sclass 字段上创建名为 stu_sname_sclass 的多列索引。
SQL 语句如下：

```sql
CREATE INDEX stu_sname_sclass ON stu(sname,sclass);
```

上述 SQL 语句执行后，使用 SHOW CREATE TABLE 语句查看表的结构，结果如图 7-10 所示。

```
mysql> SHOW CREATE TABLE stu\G
*************************** 1. row ***************************
       Table: stu
Create Table: CREATE TABLE `stu` (
  `sno` char(8) NOT NULL,
  `sname` varchar(10) NOT NULL,
  `sgender` char(1) DEFAULT NULL,
  `sclass` float DEFAULT NULL,
  `sbirth` char(4) DEFAULT NULL,
  `sresume` varchar(255) DEFAULT NULL,
  PRIMARY KEY (`sno`),
  UNIQUE KEY `stu_sno` (`sno`),
  KEY `stu_name` (`sname`),
  KEY `stu_sname_sclass` (`sname`,`sclass`),
  FULLTEXT KEY `stu_sresume` (`sresume`)
) ENGINE=MyISAM DEFAULT CHARSET=utf8
1 row in set (0.00 sec)
```

图 7-10 使用 SHOW CREATE TABLE 语句查看 stu 的结构

从图 7-10 中可以看出，在 stu 表中的 sno 字段上创建了唯一索引，sname 字段上创建了普通索引，sresume 字段上创建了全文索引，sname 和 sclass 两个字段上创建了普通索引。

【例 7-11】创建一个名为 e_1 的表，在数据类型为 GEOMETRY 的 space 字段上创建空间索引。SQL 语句如下：

(1) 创建 e_1 表。

```
CREATE TABLE e_1
  ( space GEOMETRY NOT NULL,
) ENGINE=MyISAM;
```

(2) 在 e_1 表的 space 字段上创建空间索引。

```
CREATE SPATIAL INDEX sp_space ON e_1(space);
```

3. 在已经存在的表上使用 ALTER TABLE 语句创建索引

其语法格式如下：

```
ALTER TABLE 表名
ADD [UNIQUE|FULLTEXT|SPATIAL] INDEX 索引名(字段名[(长度)] [ASC|DESC]);
```

为举例说明，先将上面的学生表 stu 删除，再重新建立一个没有任何索引的 stu 表。

【例 7-12】在 stu 表的 sname 字段上创建名为 stu_sname 的普通索引。

SQL 语句如下：

```
ALTER TABLE stu ADD INDEX  stu_sname(sname);
```

【例 7-13】在 stu 表的 sno 字段上创建名为 stu_sno 的唯一索引。

SQL 语句如下：

```
ALTER TABLE stu ADD UNIQUE INDEX  stu_sno(sno);
```

【例 7-14】在 stu 表的 sresume 字段上创建名为 stu_sresume 的全文索引。

SQL 语句如下：

```
ALTER TABLE stu ADD FULLTEXT INDEX  stu_sresume(sresume);
```

【例 7-15】在 stu 表的 sname 和 sclass 字段上创建名为 stu_sname_sclass 的多列索引。

SQL 语句如下：

```
ALTER TABLE stu ADD INDEX  stu_sname_sclass(sname,sclass);
```

上述 SQL 语句执行后，使用 SHOW CREATE TABLE 语句查看表的结构，结果如图 7-11 所示。

```
mysql> SHOW CREATE TABLE stu\G
*************************** 1. row ***************************
       Table: stu
Create Table: CREATE TABLE `stu` (
  `sno` char(8) NOT NULL,
  `sname` varchar(10) NOT NULL,
  `sgender` char(1) DEFAULT NULL,
  `sclass` float DEFAULT NULL,
  `sbirth` char(4) DEFAULT NULL,
  `sresume` varchar(255) DEFAULT NULL,
  UNIQUE KEY `stu_sno` (`sno`),
  KEY `stu_sname` (`sname`),
  KEY `stu_sname_sclass` (`sname`,`sclass`),
  FULLTEXT KEY `stu_sresume` (`sresume`)
) ENGINE=MyISAM DEFAULT CHARSET=utf8
1 row in set (0.00 sec)
```

图 7-11 使用 SHOW CREATE TABLE 语句查看 stu 的结构

从图 7-11 中可以看出，在 stu 表中的 sno 字段上创建了唯一索引，sname 字段上创建了普通索引，sresume 字段上创建了全文索引，sname 和 sclass 两个字段上创建了普通索引。

【例 7-16】创建一个名为 e_2 的表，在数据类型为 GEOMETRY 的 space 字段上创建空间索引。SQL 语句如下：

（1）创建 e_2 表。

```
CREATE TABLE e_2(
space GEOMETRY NOT NULL,
) ENGINE=MyISAM;
```

（2）在 e_2 表 space 字段上创建空间索引。

```
ALTER TABLE e_2 ADD SPATIAL INDEX sp_space(space);
```

7.1.5 删除索引

如果某些索引降低了数据库的性能，或者根本就没有必要创建该索引，可以考虑将索引删除。删除索引有两种方式，具体如下：

（1）使用 DROP INDEX 删除索引

其语法格式如下：

```
DROP INDEX 索引名 ON 表名;
```

【例 7-17】使用 DROP INDEX 将 stu 表中的 stu_sno 索引删除。
SQL 语句如下：

```
DROP INDEX stu_sno ON stu;
```

（2）使用 ALETR TABLE 删除索引

其语法格式如下：

```
ALTER TABLE 表名 DROP INDEX 索引名;
```

【例 7-18】使用 ALTER TABLE 将 stu 表中的 stu_sname 索引删除。
SQL 语句如下：

```
ALTER TABLE stu DROP INDEX stu_sname;
```

7.2 视图

7.2.1 视图的基本概念

视图是一种数据库对象，是从一个或多个基表（或视图）中导出的虚表。

视图的创建语句中，SELECT 子句引用的数据表称为视图的基表，视图可以看作虚拟表或虚表。通过视图访问的数据不作为独立的对象存储在数据库内。

视图被定义后便存储在数据库中，通过视图看到的数据只是存放在基表中的数据。当对通过视图看到的数据进行修改时，相应的基表的数据也会发生变化，同时，若基表的数据发生变化，这种变化也会自动反映到视图中。

视图可以是一个基表数据的一部分,也可以是多个基表数据的联合;视图也可以由一个或多个其他视图产生。

视图通常用来进行以下三种操作:
- 筛选表中的记录。
- 防止未经许可的用户访问敏感数据。
- 将多个物理数据表抽象为一个逻辑数据表。

视图上的操作和基表类似,但是数据库管理系统对视图的更新操作(INSERT、DELETE、UPDATE)往往存在一定的限制。数据库管理系统对视图进行的权限管理和基表也有所不同。

视图可以增强数据的逻辑独立性和安全性。

7.2.2 视图的优点

视图只是保存在数据库中的 SELECT 查询。因此,对查询执行的大多数操作也可以在视图上进行。也就是说视图只是给查询起了一个名字,把它作为对象保存在数据库中。只要使用简单的 SELECT 语句即可查看视图中查询的执行结果。视图是定义在基表(视图的数据源)之上的,对视图的一切操作最终会转换为对基表的操作。

为什么要引入视图呢?这是由于视图具有如下优点。

(1)视图能够简化用户的操作。视图使用户可以将注意力集中在自己关心的数据上,如果这些数据不是直接来自于基表,则可以通过定义视图,使用户眼中的数据结构简单、清晰,并且可以简化用户的数据查询操作。例如,那些来源于若干张表连接查询的视图,就将表与表之间的连接操作对用户隐藏了起来。换句话说,用户所做的只是对一个虚表的简单查询,而这个虚表是怎样得到的,用户无需了解。

(2)视图使用户能从多种角度看待同一数据。视图机制使不同的用户能以不同的方式看待同一数据,当不同用户使用同一个数据库时,这种灵活性是非常重要的。

(3)视图使重构数据库具备逻辑独立性。数据的逻辑独立性是指当数据库重构时,如增加新的表或对原表增加新的字段时,用户和用户程序不受影响。

(4)视图能够对机密数据提供安全保护。有了视图机制,就可以在设计数据库应用系统时,对不同的用户定义不同的视图,使机密数据不出现在不应看到这些数据的用户视图上。

7.2.3 定义视图

在 MySQL 中,使用 CREATE VIEW 语句创建视图。语法格式如下:

```
CREATE [OR REPLACE] [ALGORITHM={UNDEFINED|MERGE|TEMPTABLE}]
VIEW 视图名[(字段名列表)]
AS
   SELECT 语句
[ WITH [CASCADED|LOCAL] CHECK OPTION ]
```

语法格式中相关子句和参数说明如下。

(1)OR REPLACE:当具有同名的视图时,将用新创建的视图覆盖原视图。

(2)ALGORITHM 子句:可选项,表示为视图选择的算法。ALGORITHM 可取三个值:MERGE、TEMPTABLE 或 UNDEFINED。如果没有 ALGORITHM 子句,默认算法是 UNDEFINED。算法的选

择会影响 MySQL 处理视图的方式。

MERGE：将引用视图的语句与视图的定义合并起来，使得视图定义的某一部分取代语句的对应部分。

TEMPTABLE：视图的结果将被置于临时表中，然后使用它执行语句。

UNDEFINED：由 MySQL 选择要使用的算法。它倾向于 MERGE 而不是 TEMPTABLE，这是因为 MERGE 通常更有效，如果使用了临时表，视图将是不可更新的。

（3）字段名列表：指定视图查询结果的字段名，如果没有此选项，视图查询结果的字段名和 SELECT 子句中的字段名一致。

（4）WITH CHECK OPTION：对于可更新视图，给定 WITH CHECK OPTION 子句来防止插入或更新行，除非作用在行上的 select_statement 中的 WHERE 子句为"真"。

在可更新视图中加入 WITH CHECK OPTION 子句，当该视图是根据另一个视图定义的时候，LOCAL 和 CASCADED 关键字将决定检查测试的范围。LOCAL 关键字对 CHECK OPTION 进行了限制，使其仅作用在定义的视图上，CASCADED 关键字则会对与该视图相关的所有视图和基表进行检查。如果未给定任一关键字，默认值为 CASCADED。

创建视图时要求创建者具有针对视图的 CREATE VIEW 权限，以及针对 SELECT 语句选择的每一列上的某些权限。对于在 SELECT 语句中其他地方使用的列，创建者必须具有 SELECT 权限。如果还有 OR REPLACE 子句，创建者必须在视图上具有 DROP 权限。

视图属于数据库。默认情况下，将在当前数据库上创建新视图。如果想在指定数据库中创建视图，则需要将视图名称指定为"数据库名.视图名"。

【例 7-19】在"学生选课"数据库中创建一个基于 teacher 表的 teacher_view 视图，要求查询并输出所有教师的 tname（姓名）字段、tgender（性别）字段、tpro（职称）字段。

先把当前数据库设为"学生选课"数据库，执行以下 SQL 语句：

```
CREATE VIEW teacher_view
AS
SELECT tname,tgender,tpro FROM teacher;
```

执行上述语句，在"学生选课"数据库中创建 teacher_view 视图。

使用 SELECT 语句查询 teacher_view 视图，结果如图 7-12 所示。

图 7-12　查询 teacher_view 视图

【例 7-20】在"学生选课"数据库中创建一个基于 teacher 表的 teacher1_view 视图，要求查询并输出所有教师的 tname（姓名）字段、tgender（性别）字段、tpro（职称）字段，并将视图中的字段名设为教师姓名、教师性别和教师职称。

先把当前数据库设为"学生选课"数据库,执行以下 SQL 语句:

```
CREATE VIEW teacher1_view(教师姓名,教师性别,教师职称)
AS
SELECT tname,tgender,tpro FROM teacher;
```

执行上述语句,在"学生选课"数据库中创建 teacher1_view 视图。

使用 SELECT 语句查询 teacher1_view 视图,结果如图 7-13 所示。

```
mysql> SELECT * FROM teacher1_view;
+----------+----------+----------+
| 教师姓名 | 教师性别 | 教师职称 |
+----------+----------+----------+
| 吴亚飞   | 男       | 讲师     |
| 李琦     | 男       | 副教授   |
| 马艳红   | 女       | 讲师     |
| 万丽     | 女       | 助理讲师 |
+----------+----------+----------+
4 rows in set (0.00 sec)
```

图 7-13 查询 teacher1_view 视图

从图 7-12 和图 7-13 所示的查询结果可以看出,teacher_view 视图和 teacher1_view 视图虽然字段名称不同,但数据却是相同的。这是因为两个视图引用的是同一个表,SELECT 语句也一样,只是在 teacher1_view 视图中指定了视图的字段名。

【例 7-21】在"学生选课"数据库中创建一个基于学生表 studentInfo、课程表 course 和选课表 elective 的 nopass_view 视图,要求查询并输出所有不及格学生的 sno(学号)字段、sname(姓名)字段、cname(课程名)字段、score(成绩)字段。

先把当前数据库设为"学生选课"数据库,执行以下 SQL 语句:

```
CREATE VIEW nopass_view
AS
   SELECT studentInfo.sno AS 学号,sname AS 姓名,cname AS 课程名,
   score AS 成绩 FROM studentInfo a INNER JOIN elective b ON a.sno=b.sno
   INNER JOIN course c ON b.cno=c.cno
   WHERE score<60;
```

使用 SELECT 语句查询 nopass_view 视图,结果如图 7-14 所示。

```
mysql> SELECT * FROM nopass_view;
+----------+----------+----------+--------+
| 学号     | 姓名     | 课程名   | 成绩   |
+----------+----------+----------+--------+
| 10102001 | 王斌     | 文学欣赏 |   50   |
| 11101001 | 刘淑芳   | 文学欣赏 |   49   |
| 10101001 | 张永峰   | 音乐欣赏 |   51   |
+----------+----------+----------+--------+
3 rows in set (0.02 sec)
```

图 7-14 查询 nopass_view 视图

7.2.4 查看视图

查看视图,是指查看数据库中已经存在的视图的定义。查看视图必须有 SHOW VIEW 权限。查看视图的方式有三种。

1. 使用 DESCRIBE 语句查看视图

在 MySQL 中，使用 DESCRIBE 语句可以查看视图的字段信息，包括字段名、字段类型等。DESCRIBE 语句的语法格式如下所示：

```
DESCRIBE 视图名;
```

或简写为：

```
DESC 视图名;
```

【例 7-22】查看视图 teacher_view 的基本信息。

SQL 语句如下：

```
DECSRIBE  teacher_view;
```

执行上述语句后，显示结果如图 7-15 所示。

```
mysql> DESCRIBE teacher_view;
+---------+-------------+------+-----+---------+-------+
| Field   | Type        | Null | Key | Default | Extra |
+---------+-------------+------+-----+---------+-------+
| tname   | varchar(10) | NO   |     | NULL    |       |
| tgender | char(1)     | YES  |     | NULL    |       |
| tpro    | varchar(8)  | YES  |     | 讲师    |       |
+---------+-------------+------+-----+---------+-------+
3 rows in set (0.03 sec)
```

图 7-15　视图 teacher_view 的基本信息

图 7-15 显示结果中的各列含义如下。

（1）Field：表示视图中的字段名。
（2）Type：表示字段的数据类型。
（3）Null：表示该字段是否允许存放空值。
（4）Key：表示该字段是否已经建有索引。
（5）Default：表示该字段是否有默认值。
（6）Extra：表示该字段的附加信息。

2. 使用 SHOW TABLE STATUS 语句查看视图

在 MySQL 中，使用 SHOW TABLE STATUS 语句可以查看视图的定义信息。其语法格式如下所示：

```
SHOW TABLE STATUS LIKE '视图名';
```

其中，"LIKE"表示后面是匹配字符串，"视图名"是要查看的视图名称，可以是一个具体的视图名，也可以包含通配符，代表要查看的多个视图。视图名称要用单引号括起来。

【例 7-23】使用 SHOW TABLE STATUS 查看视图 teacher_view 的定义信息。

SQL 语句如下：

```
SHOW TABLE STATUS LIKE 'teacher_view'\G
```

执行结果如图 7-16 所示。

```
mysql> SHOW TABLE STATUS LIKE 'teacher_view'\G
*************************** 1. row ***************************
           Name: teacher_view
         Engine: NULL
        Version: NULL
     Row_format: NULL
           Rows: NULL
 Avg_row_length: NULL
    Data_length: NULL
Max_data_length: NULL
   Index_length: NULL
      Data_free: NULL
 Auto_increment: NULL
    Create_time: NULL
    Update_time: NULL
     Check_time: NULL
      Collation: NULL
       Checksum: NULL
 Create_options: NULL
        Comment: VIEW
1 row in set (0.00 sec)
```

图 7-16　使用 SHOW TABLE STATUS 查看视图

从图 7-16 中可以看到，Comment 项的值为 VIEW，说明所查看的 teacher_view 是一个视图。Engine（存储引擎）、Data_length（数据长度）、Index_length（索引长度）等项都显示为 NULL，说明视图是虚拟表。用 SHOW TABLE STATUS 语句查看 teacher 表，结果如图 7-17 所示。

```
mysql> SHOW TABLE STATUS LIKE 'teacher'\G
*************************** 1. row ***************************
           Name: teacher
         Engine: InnoDB
        Version: 10
     Row_format: Compact
           Rows: 4
 Avg_row_length: 4096
    Data_length: 16384
Max_data_length: 0
   Index_length: 0
      Data_free: 9437184
 Auto_increment: NULL
    Create_time: 2017-12-07 15:06:28
    Update_time: NULL
     Check_time: NULL
      Collation: utf8_general_ci
       Checksum: NULL
 Create_options:
        Comment:
1 row in set (0.01 sec)
```

图 7-17　使用 SHOW TABLE STATUS 查看 teacher 表

比较图 7-17 和图 7-16，在表的显示信息中，Engine（存储引擎）、Date_length（数据长度）、Index_length（索引长度）等项都有具体的值，但是 Comment 项没有信息，说明这是表而不是视图，这也是视图和表最直接的区别。

3. 使用 SHOW CREATE VIEW 语句查看视图

在 MySQL 中，使用 SHOW CREATE VIEW 语句不仅可以查看创建视图的定义语句，还可以查看视图的字符编码以及视图中记录的行数。SHOW CREATE VIEW 语句的语法格式如下：

```
SHOW CREATE VIEW 视图名；
```

【例 7-24】使用 SHOW CREATE VIEW 查看视图 teacher_view。
SQL 语句如下：

```
SHOW CREATE VIEW teacher_view\G
```

执行结果如图 7-18 所示。

```
mysql> SHOW CREATE VIEW teacher_view\G
*************************** 1. row ***************************
                View: teacher_view
         Create View: CREATE ALGORITHM=UNDEFINED DEFINER=`root`@`localhost` SQL 
SECURITY DEFINER VIEW `teacher_view` AS select `teacher`.`tname` AS `tname`,`tea
cher`.`tgender` AS `tgender`,`teacher`.`tpro` AS `tpro` from `teacher`
character_set_client: utf8
collation_connection: utf8_general_ci
1 row in set (0.00 sec)
```

图 7-18 使用 SHOW CREATE VIEW 查看 teacher 表

7.2.5 修改和删除视图

1．修改视图

修改视图就是修改数据库中已经存在的视图的定义。在 MySQL 中，修改视图的方式有两种。
（1）使用 CREATE 或 REPLACE VIEW 语句
语法格式为：

```
CREATE 或 REPLACE [ALGORITHM={UNDEFINED|MERGE|TEMPTABLE}]
VIEW 视图名[(字段名列表)]
AS
 select 语句
[ WITH [CASCADED|LOCAL] CHECK OPTION ]
```

使用 CREATE 或 REPLACE VIEW 语句创建视图时，如果视图已经存在，则用语句中的视图定义修改已存在的视图。如果视图不存在，则创建一个视图。
（2）使用 ALTER VIEW 语句
语法格式为：

```
ALTER [ALGORITHM={UNDEFINED|MERGE|TEMPTABLE}]
VIEW 视图名[(字段名列表)]
AS
   SELECT 语句
[ WITH [CASCADED|LOCAL] CHECK OPTION ]
```

上述语句中的参数含义和创建视图语句中的参数含义一样。
【例 7-25】使用 ALTER VIEW 语句，修改例 7-19 创建的 teacher_view 视图，查询输出所有职称为"讲师"的教师的 tname 字段、tpro 字段。
SQL 语句如下：

```
ALTER VIEW teacher_view
AS
```

```
SELECT tname AS 姓名,tpro AS 职称 FROM teacher WHERE tpro='讲师';
```
使用 SELECT 语句查询 teacher_view 视图，结果如图 7-19 所示。

```
mysql> SELECT * FROM teacher_view;
+--------+--------+
| 姓名   | 职称   |
+--------+--------+
| 吴亚飞 | 讲师   |
| 马艳红 | 讲师   |
+--------+--------+
2 rows in set (0.00 sec)
```

图 7-19　查询修改后的 teacher_view 视图

从图 7-19 所示的查询结果可以看出，teacher_view 视图中只有职称为"讲师"的数据记录。视图已经被修改。

2．删除视图

当不再需要视图时，可以将视图删除。删除视图只是将视图的定义删除，并不会影响基表中的数据。删除视图的语法格式为：

```
DROP VIEW [IF EXISTS]视图名1[,视图名2]…;
```

在上述语法格式中，视图名可以有一个或多个，即同时删除一个或多个视图。视图名之间用逗号分隔。删除视图必须有 DROP VIEW 权限。IF EXISTS 可选项表示删除视图时如果存在指定视图，则将指定视图删除，如果不存在指定视图，删除操作也不会出现错误。

【例 7-26】删除例 7-25 创建的 teacher_view 视图。

SQL 语句如下：

```
DROP VIEW IF EXISTS teacher_view;
```

上述语句执行后，teacher_view 被删除。为了验证视图是否删除成功，使用 SELECT 语句查询视图，查询结果如图 7-20 所示。

```
mysql> DROP VIEW IF EXISTS teacher_view;
Query OK, 0 rows affected (0.00 sec)

mysql> SELECT * FROM teacher_view;
ERROR 1146 (42S02): Table '学生选课.teacher_view' doesn't exist
mysql>
```

图 7-20　查询删除后的 teacher_view 视图

从图 7-20 所示的查询结果可以看出，teacher_view 视图已经不存在了。

7.2.6　更新视图

更新视图是指通过视图来插入、删除和更新基表中的数据。因为视图是一个虚拟表，其中并没有数据，修改视图中的数据实际上是在修改基表中的数据。只要满足一些限制条件，就可以通过视图自由地插入、删除和更新数据。

1．使用 INSERT 语句向视图中插入数据

使用视图插入数据与向基表中插入数据一样，都可以通过 INSERT 语句来实现。插入数据的

操作是针对视图中字段的插入操作,而不是针对基表中所有字段的插入操作。使用视图插入数据要满足一定的限制条件。

- 使用 INSERT 语句进行插入操作的用户必须有在基表中插入数据的权限,否则插入操作会失败。
- 如果视图上没有包含基表中所有属性为 NOT NULL 的字段,那么插入操作会由于那些字段存在 NULL 值而失败。
- 如果视图中的数据是由聚合函数或者表达式计算得到的,则插入操作不成功。
- 不能在使用了 DISTINCT、UNION、TOP、GROUP BY 或 HAVING 子句的视图中插入数据。
- 如果在创建视图的 CREATE VIEW 语句中使用了 WITH CHECK OPTION 子句,那么所有对视图进行修改的语句必须符合 WITH CHECK OPTION 中的限定条件。
- 对于由多个基表连接查询而生成的视图来说,一次插入操作只能作用于一个基表上。

【例 7-27】在"学生选课"数据库中,基于 studentInfo 表创建一个名为 student_view 的视图。该视图包含所有学生的 sno 字段、sname 字段、sgender 字段的数据。

SQL 语句如下:

```
USE 学生选课;
CREATE VIEW student_view
AS
  SELECT  sno,sname,sgender
  FROM studentInfo;
```

成功执行上述语句后,使用 SELECT 语句查看该视图中的数据,结果如图 7-21 所示。

图 7-21 student_view 视图中的数据

接下来向 student_view 视图中插入一条数据,sno(学号)字段的值为 11101004,sname(姓名)字段的值为"张三"、sgender(性别)字段的值为"女"。实现上述操作,可以使用 INSERT 语句:

```
INSERT INTO student_view
VALUES('11101004', '张三','女');
```

成功执行上述语句后,使用 SELECT 语句查看该视图和学生表 studentInfo 中的数据,结果如图 7-22 所示。

```
mysql> SELECT * FROM student_view;
+----------+--------+---------+
| sno      | sname  | sgender |
+----------+--------+---------+
| 10101001 | 张永峰 | 男      |
| 10101002 | 何小丽 | 女      |
| 10101003 | 张宇   | 男      |
| 10102001 | 王斌   | 女      |
| 10102002 | 包玉明 | 男      |
| 10102003 | 孙平平 | 女      |
| 10102004 | 翁静静 | 女      |
| 11101001 | 刘淑芳 | 女      |
| 11101002 | 王亚旭 | 男      |
| 11101003 | 高磊   | 男      |
| 11101004 | 张三   | 女      |
+----------+--------+---------+
11 rows in set (0.00 sec)

mysql> SELECT * FROM studentInfo;
+----------+--------+---------+---------------------+-------------+
| sno      | sname  | sgender | sbirth              | sclass      |
+----------+--------+---------+---------------------+-------------+
| 10101001 | 张永峰 | 男      | 1993-08-01 00:00:00 | 电子商务101 |
| 10101002 | 何小丽 | 女      | 1992-11-03 00:00:00 | 电子商务101 |
| 10101003 | 张宇   | 男      | 1992-08-21 00:00:00 | 电子商务101 |
| 10102001 | 王斌   | 女      | 1991-07-14 00:00:00 | 网络技术101 |
| 10102002 | 包玉明 | 男      | 1993-11-15 00:00:00 | 网络技术101 |
| 10102003 | 孙平平 | 女      | 1992-02-27 00:00:00 | 网络技术101 |
| 10102004 | 翁静静 | 女      | 1992-05-09 00:00:00 | 网络技术101 |
| 11101001 | 刘淑芳 | 女      | 1994-06-10 00:00:00 | 电子商务111 |
| 11101002 | 王亚旭 | 男      | 1993-03-18 00:00:00 | 电子商务111 |
| 11101003 | 高磊   | 男      | 1993-05-11 00:00:00 | 电子商务111 |
| 11101004 | 张三   | 女      | NULL                | NULL        |
+----------+--------+---------+---------------------+-------------+
11 rows in set (0.00 sec)
```

图 7-22　插入数据后视图和表中的数据

从图 7-22 可以看出，新的数据既出现在视图中，也出现在基表中。

2. 使用 UPDATE 语句更新视图中数据

在视图中更新数据与在基表中更新数据一样，都需要使用 UPDATE 语句。当视图中的数据来源于多个基表时，与插入操作一样，每次更新操作只能更新一个基表中的数据。通过视图修改存在于多个基表中的数据时，要分别对不同的基表使用 UPDATE 语句。在视图中使用 UPDATE 语句进行更新操作时也受到与进行插入操作时一样的限制。

【例 7-28】将前面的视图 student_view 中 sname（姓名）字段值为"张三"的学生记录的 sgender（性别）字段值更新为"男"。

SQL 语句如下：

```
USE 学生选课;
UPDATE student_view
SET sgender='男'
WHERE sname='张三';
```

成功执行上述语句后，使用 SELECT 语句查看该视图和学生表 studentInfo 中的数据，结果如图 7-23 所示。

从图 7-23 可以看出，视图和表中张三的性别都变为"男"了。

```
mysql> SELECT * FROM student_view;
+----------+----------+---------+
| sno      | sname    | sgender |
+----------+----------+---------+
| 10101001 | 张永峰   | 男      |
| 10101002 | 何小丽   | 女      |
| 10101003 | 张宇     | 男      |
| 10102001 | 王斌     | 女      |
| 10102002 | 包玉明   | 男      |
| 10102003 | 孙平平   | 女      |
| 10102004 | 翁静静   | 女      |
| 11101001 | 刘淑芳   | 女      |
| 11101002 | 王亚旭   | 男      |
| 11101003 | 高磊     | 男      |
| 11101004 | 张三     | 男      |
+----------+----------+---------+
11 rows in set (0.00 sec)
```

```
mysql> SELECT * FROM studentInfo;
+----------+----------+---------+---------------------+--------------+
| sno      | sname    | sgender | sbirth              | sclass       |
+----------+----------+---------+---------------------+--------------+
| 10101001 | 张永峰   | 男      | 1993-08-01 00:00:00 | 电子商务101  |
| 10101002 | 何小丽   | 女      | 1992-11-03 00:00:00 | 电子商务101  |
| 10101003 | 张宇     | 男      | 1992-08-21 00:00:00 | 电子商务101  |
| 10102001 | 王斌     | 女      | 1991-07-14 00:00:00 | 网络技术101  |
| 10102002 | 包玉明   | 男      | 1993-11-15 00:00:00 | 网络技术101  |
| 10102003 | 孙平平   | 女      | 1992-02-27 00:00:00 | 网络技术101  |
| 10102004 | 翁静静   | 女      | 1992-05-09 00:00:00 | 网络技术101  |
| 11101001 | 刘淑芳   | 女      | 1994-06-10 00:00:00 | 电子商务111  |
| 11101002 | 王亚旭   | 男      | 1993-03-18 00:00:00 | 电子商务111  |
| 11101003 | 高磊     | 男      | 1993-05-11 00:00:00 | 电子商务111  |
| 11101004 | 张三     | 男      | NULL                | NULL         |
+----------+----------+---------+---------------------+--------------+
11 rows in set (0.00 sec)
```

图 7-23　更新数据后视图和表中的数据

3. 使用 DELETE 语句删除数据

通过视图删除数据与在基表中删除数据的方式一样，都需要使用 DELETE 语句。在视图中删除的数据，同时也会从基表中删除。当一个视图连接了两个以上的基表时，对该视图中数据的删除操作是不允许的。

【例 7-29】删除视图 student_view 中 sname 字段值为"张三"的数据。

SQL 语句如下：

```
USE 学生选课;
DELETE FROM student_view
WHERE sname='张三';
```

成功执行上述语句后，使用 SELECT 语句查看该视图和学生表 studentInfo 中的数据，结果如图 7-24 所示。

```
mysql> SELECT * FROM student_view;
+----------+--------+---------+
| sno      | sname  | sgender |
+----------+--------+---------+
| 10101001 | 张永峰 | 男      |
| 10101002 | 何小丽 | 女      |
| 10101003 | 张宇   | 男      |
| 10102001 | 王斌   | 女      |
| 10102002 | 包玉明 | 男      |
| 10102003 | 孙平平 | 女      |
| 10102004 | 翁静静 | 女      |
| 11101001 | 刘淑芳 | 女      |
| 11101002 | 王亚旭 | 男      |
| 11101003 | 高磊   | 男      |
+----------+--------+---------+
10 rows in set (0.00 sec)

mysql> SELECT * FROM studentInfo;
+----------+--------+---------+---------------------+------------+
| sno      | sname  | sgender | sbirth              | sclass     |
+----------+--------+---------+---------------------+------------+
| 10101001 | 张永峰 | 男      | 1993-08-01 00:00:00 | 电子商务101 |
| 10101002 | 何小丽 | 女      | 1992-11-03 00:00:00 | 电子商务101 |
| 10101003 | 张宇   | 男      | 1992-08-21 00:00:00 | 电子商务101 |
| 10102001 | 王斌   | 女      | 1991-07-14 00:00:00 | 网络技术101 |
| 10102002 | 包玉明 | 男      | 1993-11-15 00:00:00 | 网络技术101 |
| 10102003 | 孙平平 | 女      | 1992-02-27 00:00:00 | 网络技术101 |
| 10102004 | 翁静静 | 女      | 1992-05-09 00:00:00 | 网络技术101 |
| 11101001 | 刘淑芳 | 女      | 1994-06-10 00:00:00 | 电子商务111 |
| 11101002 | 王亚旭 | 男      | 1993-03-18 00:00:00 | 电子商务111 |
| 11101003 | 高磊   | 男      | 1993-05-11 00:00:00 | 电子商务111 |
+----------+--------+---------+---------------------+------------+
10 rows in set (0.00 sec)
```

图 7-24 删除数据后视图和表中的数据

从图 7-24 可以看出，视图和表中的相应数据都被删除了。

7.3 触发器

7.3.1 触发器概述

触发器是 MySQL 5.0 新增的功能，是一种与表操作（INSERT、UPDATE、DELETE）有关的数据库对象。触发器定义了一系列操作，这一系列操作称为触发程序。当触发器所在表上出现 INSERT、UPDATE、DETETE 操作时，将激活触发器。

触发器基于一个表创建，但是可以针对多个表进行操作，因此触发器可以用来对表实施复杂的完整性约束。

触发器具有以下优点。

（1）触发器可以自动执行。当对表进行 INSERT、UPDATE、DELETE 操作，试图修改表中的数据时，相应操作的触发器立即自动执行。

（2）触发器可以对数据库中相关表进行层叠更改。这比直接把代码写在前端的做法更安全合理。

（3）触发器可以实现表的约束实现不了的复杂约束。在触发器中可以引用其他表中的字段，从而实现多表之间的复杂约束。

（4）触发器可以维护冗余数据，实现外键级联等。

7.3.2 创建触发器

创建触发器用 CREATE TRIGGER 语句。CREATE TRIGGER 语句的语法格式如下：

```
CREATE TRIGGER 触发器名
AFTER/BEFORE INSERT/UPDATE/DELETE ON 表名
FOR EACH ROW
   BEGIN
      SQL 语句;#触发程序
   END;
```

（1）触发器是数据库对象，因此创建触发器时，需要指定该触发器属于哪一个数据库。

（2）触发器是在表上创建的。这个表必须是基表，不能是临时表，也不能是视图。

（3）MySQL 触发器的触发事件有三种：INSERT、UPDATE、DELETE。

- INSERT：将新记录插入表时激活触发程序。
- UPDATE：更改表中的记录时激活触发程序。
- DELETE：从表中删除记录时激活触发程序。

（4）触发器的触发时间有两种：BEFORE 和 AFTER。

BEFORE 表示在触发事件发生之前执行触发程序，AFTER 表示在触发事件发生之后执行触发程序。

（5）FOR EACH ROW 表示行级触发器。

目前，MySQL 仅支持行级触发器,不支持语句级别的触发器。FOR EACH ROW 表示 INSERT、UPDATE、DELETE 操作影响的每一条记录都会执行一次触发程序。

（6）触发程序中的 SELECT 语句不能产生结果集。

（7）触发程序中可以使用 OLD 关键字与 NEW 关键字。

- 向表中插入新记录时，在触发程序中可以使用 NEW 关键字表示新记录。当需要访问新记录中的某个字段时，可以使用"NEW.字段名"进行访问。
- 从表中删除某条旧记录时，在触发程序中可以使用 OLD 关键字表示删除的旧记录。当需要访问删除的旧记录中的某个字段时，可以使用"OLD.字段名"进行访问。
- 修改表中的某条记录时，在触发程序中可以使用 NEW 关键字表示修改后的记录，使用 OLD 关键字表示修改前的记录。当需要访问修改后的记录中的某个字段时，可以使用"NEW.字段名"进行访问。当需要访问修改前的记录中的某个字段时，可以使用"OLD.字段名"进行访问。
- OLD 记录是只读的，在触发程序中只能引用它，不能更改它。在 BEFORE 触发程序中，可使用"SET NEW.字段名=值"更改 NEW 记录的值。但在 AFTER 触发程序中，不能使用"SET NEW.字段名=值"更改 NEW 记录的值。
- 对于 INSERT 操作，只有 NEW 关键字是合法的。对于 DELETE 操作，只有 OLD 关键字是合法的。对于 UPDATE 操作，NEW 关键字和 OLD 关键字都是合法的。

7.3.3 触发器的使用

1. 使用触发器实现检查约束

在 MySQL 中，可以使用复合数据类型 SET 或 ENUM 对字段的取值范围进行检查约束，也可以实现对离散的字符串类型数据的检查约束。对于数值类型的字段，不建议使用 SET 或者 ENUM 数据类型实现检查约束，可以使用触发器实现。

【例 7-30】使用触发器实现检查约束，在向 elective 表插入记录时，score 字段的值或者为空，或者取值 0~100。如果 score 字段的值不满足要求，小于 0 则填入 0，大于 100 则填入 100。

对应的 SQL 语句如下：

```
USE 学生选课；
DELIMITER //
CREATE TRIGGER tr_elective_insert BEFORE INSERT ON elective FOR EACH ROW
  BEGIN
    IF(NEW.score IS NOT NULL&&NEW.score<0)
    THEN
      SET NEW.score=0;
    ELSEIF(NEW.score IS NOT NULL&&NEW.score>100)
        THEN
          SET NEW.score=100;
    END IF;
  END //
DELIMITER ;
```

这个触发器的触发时间是 BEFORE，即将记录插入到表之前，先执行触发程序。在触发程序中判断新插入的记录的 score 字段的值是否小于 0 或者大于 100，若是，将 score 字段的值改为 0 或 100，再插入到表中。

下面用一条 INSERT 语句测试 tr_elective_insert 触发器，执行结果如图 7-25 所示。

```
mysql> INSERT INTO elective VALUES('10101001','C002',200);
Query OK, 1 row affected (0.04 sec)

mysql> SELECT * FROM elective;
+----------+------+-------+
| sno      | cno  | score |
+----------+------+-------+
| 10101001 | c001 |    73 |
| 10101001 | C002 |   100 |
| 10101001 | c003 |    81 |
| 10101001 | c004 |    51 |
| 10101002 | c001 |    78 |
| 10101003 | c003 |    69 |
| 10102001 | c001 |    50 |
```

图 7-25　触发器实现检查约束(1)

【例 7-31】使用触发器实现检查约束，在修改 elective 表的记录时，记录的 score 字段值或者为空，或者取值 0~100。如果 score 字段的值不满足要求，则记录不允许修改。

对应的 SQL 语句如下：

```
USE 学生选课；
DELIMITER //
CREATE TRIGGER tr_elective_UPDATE BEFORE UPDATE on elective
FOR EACH ROW
  BEGIN
    IF(NEW.score IS NOT NULL&&NEW.score NOT BETWEEN 0 AND 100)
    THEN
      SET NEW.score=OLD.score;
```

```
    END IF;
END //
DELIMITER ;
```

下面用一条 UPDATE 语句测试 tr_elective_UPDATE 触发器，执行结果如图 7-26 所示。

```
mysql> UPDATE elective SET score=200 WHERE sno='10101001' AND cno='C002';
Query OK, 0 rows affected (0.05 sec)
Rows matched: 1  Changed: 0  Warnings: 0

mysql> SELECT * FROM elective;
+----------+------+-------+
| sno      | cno  | score |
+----------+------+-------+
| 10101001 | c001 |    73 |
| 10101001 | C002 |   100 |
| 10101001 | c003 |    81 |
| 10101001 | c004 |    51 |
| 10101002 | c001 |    78 |
```

图 7-26　触发器实现检查约束(2)

这个触发器的触发时间是 BEFORE，在记录的更新操作执行前，先执行触发程序。再在触发程序中判断更新的 score 字段的值是不是满足要求，如果不满足，则将要更新的 score 字段的值修改为原来 score 字段的值，然后再对记录进行更新操作。

2. 使用触发器维护冗余数据

冗余的数据需要额外的维护。维护冗余数据时，为了避免数据不一致问题的发生，最好交由系统（例如触发器）自动维护。

【例 7-32】使用触发器实现：当一位教师退休或调离时，将该教师的信息放入 old_teacher 表中。old_teacher 表的结构如图 7-27 所示。

```
mysql> DESC old_teacher;
+---------+-------------+------+-----+---------+----------------+
| Field   | Type        | Null | Key | Default | Extra          |
+---------+-------------+------+-----+---------+----------------+
| no      | int(11)     | NO   | PRI | NULL    | auto_increment |
| tname   | varchar(8)  | NO   |     | NULL    |                |
| tgender | char(1)     | YES  |     | NULL    |                |
| tedu    | varchar(10) | YES  |     | NULL    |                |
| tpro    | varchar(10) | YES  |     | NULL    |                |
+---------+-------------+------+-----+---------+----------------+
5 rows in set (0.01 sec)
```

图 7-27　old_teacher 表的结构

对应的 SQL 语句如下：

```
USE 学生选课;
DELIMITER //
CREATE TRIGGER tr_teacher_delete AFTER DELETE on teacher FOR EACH ROW
  BEGIN
    INSERT INTO old_teacher(tname,tgender,tedu,tpro)
    VALUES(OLD.tname, OLD.tgender,OLD.tedu,OLD.tpro);
  END //
DELIMITER ;
```

下面用一条 DELETE 语句测试 tr_teacher_delete 触发器。先用 SELECT 语句查询 teacher 表的数据，查询结果如图 7-28 所示。将 teacher 表中的工号为 "t006" 的记录删除，删除记录后 teacher 表和 old_teacher 表中的数据如图 7-29 所示。

```
mysql> SELECT * FROM teacher;
+------+--------+---------+-----------+----------+
| tno  | tname  | tgender | tedu      | tpro     |
+------+--------+---------+-----------+----------+
| t001 | 吴亚飞 | 男      | 本科      | 讲师     |
| t002 | 李琦   | 男      | 硕士研究生| 副教授   |
| t003 | 王艳红 | 女      | 硕士研究生| 讲师     |
| t004 | 马志超 | 男      | 博士研究生| 教授     |
| t005 | 万丽   | 女      | 硕士研究生| 助理讲师 |
| t006 | 和平   | 男      | 本科      | 教授     |
+------+--------+---------+-----------+----------+
6 rows in set (0.00 sec)
```

图 7-28 teacher 表的数据

```
mysql> SELECT * FROM teacher;
+------+--------+---------+-----------+----------+
| tno  | tname  | tgender | tedu      | tpro     |
+------+--------+---------+-----------+----------+
| t001 | 吴亚飞 | 男      | 本科      | 讲师     |
| t002 | 李琦   | 男      | 硕士研究生| 副教授   |
| t003 | 王艳红 | 女      | 硕士研究生| 讲师     |
| t004 | 马志超 | 男      | 博士研究生| 教授     |
| t005 | 万丽   | 女      | 硕士研究生| 助理讲师 |
+------+--------+---------+-----------+----------+
5 rows in set (0.00 sec)

mysql> SELECT * FROM old_teacher;
+----+-------+---------+------+-------+
| no | tname | tgender | tedu | tpro  |
+----+-------+---------+------+-------+
| 1  | 和平  | 男      | 本科 | 教授  |
+----+-------+---------+------+-------+
```

图 7-29 teacher 表和 old_teacher 表数据

3. 使用触发器实现外键级联选项

对于使用 InnoDB 存储引擎的表而言，可以通过设置外键级联选项 CASCADE、SET NULL 或者 NO ACTION (RESTRICT)，将外键约束关系交由 InnoDB 存储引擎自动维护。外键级联选项 CASCADE、SET NULL 或者 NO ACTION (RESTRICT) 的含义如下：

（1）CASCADE：从父表中删除或更新对应的行时，同时自动删除或更新子表中匹配的行。ON DELETE CASCADE 和 ON UPDATE CASCADE 都被 InnoDB 存储引擎所支持。

（2）SET NULL：从父表中删除或更新对应的行时，同时将子表中的外键列设为空。注意，在外键列没有被约束为 NOT NULL 时才有效。ON DELETE SET NULL 和 ON UPDATE SET NULL 都被 InnoDB 存储引擎所支持。

（3）NO ACTION：InnoDB 存储引擎拒绝删除或者更新父表。

（4）RESTRICT：拒绝删除或者更新父表。指定 RESTRICT(或者 NO ACTION)和忽略 ON DELETE 或者 ON UPDATE 选项的效果是一样的。

对于使用 InnoDB 存储引擎的表之间存在外键约束关系但是没有设置级联选项或者使用的数据库表为 MyISAM（MyISAM 表不支持外键约束关系）时，可以使用触发器来实现外键约束之间的级联选项。

【例7-33】创建"后勤管理"数据库,数据库中有学生表 stu 和宿舍表 dorm,学生表 stu 中有学号 sno、姓名 sname、性别 sgender、班级 sclass 等字段,主键为学号 sno 字段,宿舍表 dorm 中有宿舍号 dno、床位号 bno、学号 sno 等字段,宿舍号 dno 和床位号 bno 字段联合起来做主键,分别用触发器实现宿舍表 dorm 的学号 sno 字段和学生表 stu 的学号 sno 字段之间的外键级联选项 CASCADE、SET NULL。

对应的SQL语句如下:
(1)创建"后勤管理"数据库。

```
CREATE DATABASE 后勤管理;
```

(2)创建学生表 stu 和宿舍表 dorm。

```
USE 后勤管理;
CREATE TABLE stu
(sno CAHR(8) PRIMARY KEY,
 sname VARCHAR(10),
 sgender CHAR(1),
 sclass VARCAHR(20)
);
CREATE TABLE dorm
(
 dno SMALLINT,
 bno TINYINT,
 sno CHAR(8),
 PRIMARY KEY(dno,bno)
);
```

(3)在学生表 stu 和宿舍表 dorm 中插入记录。

```
INSERT INTO stu VALUES("10101001","张永峰","男","电子商务101");
INSERT INTO stu VALUES("10101002","何小丽","女","电子商务101");
INSERT INTO stu VALUES("10102001","王斌","男","网络技术101");
INSERT INTO stu VALUES("11101001","刘淑芳","女","电子商务111");

INSERT INTO dorm VALUES(1001,4,"10101001");
INSERT INTO dorm VALUES(2001,2,"10101002");
INSERT INTO dorm VALUES(1001,1,"10102001");
INSERT INTO dorm VALUES(1010,3,"11101001");
```

(4)创建触发器 tr_1,实现宿舍表 dorm 中学号 sno 字段和学生表 stu 中学号 sno 字段的外键 CASCADE 级联选项,在学生表 stu 中删除某个学生记录时,宿舍表 dorm 中对应学生的住宿记录也被删除。

```
DELIMITER //
CREATE TRIGGER tr_1 BEFORE DELETE ON stu FOR EACH ROW
BEGIN
  IF(EXISTS(SELECT * FROM dorm WHERE sno=OLD.sno))
```

```
    THEN
      DELETE FROM dorm WHERE sno=OLD.sno;
    END IF;
END //
DELIMITER ;
```

（5）创建触发器 tr_2，实现宿舍表 dorm 中学号 sno 字段和学生表 stu 中学号 sno 字段的外键 SET NULL 级联选项，在学生表中修改某个学生的学号时，宿舍表中对应学生的学号 sno 字段值设为 NULL。

```
DELIMITER //
CREATE TRIGGER tr_2 BEFORE UPDATE ON stu FOR EACH ROW
BEGIN
    IF(EXISTS(SELECT * FROM dorm WHERE sno=OLD.sno))
    THEN
      UPDATE dorm SET sno=NULL WHERE sno=OLD.sno;
    END IF;
END //
DELIMITER ;
```

（6）删除学生表 stu 中学号 sno 字段值为 10101001 的记录，再将学生表 stu 中学号 sno 字段值从 10101002 修改为 10101003，查看触发器 tr_1 和 tr_2 的执行结果。

```
DELETE FROM stu WHERE sno='10101001';
UPDATE stu SET sno='10101003' WHERE sno='10101002';
```

在 DELETE 和 UPDATE 语句执行后，两个表中的记录如图 7-30 所示。

```
mysql> SELECT * FROM stu;
+----------+--------+---------+-----------+
| sno      | sname  | sgender | sclass    |
+----------+--------+---------+-----------+
| 10101003 | 何小丽 | 女      | 电子商务101 |
| 10102001 | 王斌   | 男      | 网络技术101 |
| 11101001 | 刘淑芳 | 女      | 电子商务111 |
+----------+--------+---------+-----------+
3 rows in set (0.00 sec)

mysql> SELECT * FROM dorm;
+------+------+----------+
| dno  | bno  | sno      |
+------+------+----------+
| 1001 | 1    | 10102001 |
| 1010 | 3    | 11101001 |
| 2001 | 2    | NULL     |
+------+------+----------+
```

图 7-30　触发器实现外键级联选项 CASCADE、SET NULL

7.3.4　查看触发器的定义

我们常常使用三种方法查看触发器的定义。

（1）使用 SHOW TRIGGERS 命令查看触发器的定义。

使用"SHOW TRIGGERS\G"命令可以查看当前数据库中所有触发器的信息。使用"SHOW TRIGGER LIKE 模式\G"命令可以查看与模式模糊匹配的触发器的信息。

【例 7-34】查看在前面的 stu 表上创建的触发器的信息。

对应的 SQL 语句如下：

```
SHOW TRIGGERS LIKE'stu%'\G
```

命令执行结果如图 7-31 所示。

```
mysql> SHOW  TRIGGERS LIKE 'tr_1%'\G
Empty set (0.01 sec)

mysql> SHOW  TRIGGERS LIKE 'stu%'\G
*************************** 1. row ***************************
             Trigger: tr_2
               Event: UPDATE
               Table: stu
           Statement: BEGIN
 IF(EXISTS(SELECT * FROM dorm WHERE sno=old.sno))
 THEN
    UPDATE dorm SET sno=NULL WHERE sno=old.sno;
 END IF;
END
              Timing: BEFORE
             Created: NULL
            sql_mode: STRICT_TRANS_TABLES,NO_AUTO_CREATE_USER,NO_ENGINE_SUBSTITU
TION
             Definer: root@localhost
character_set_client: utf8
collation_connection: utf8_general_ci
  Database Collation: utf8_general_ci
*************************** 2. row ***************************
             Trigger: tr_1
               Event: DELETE
```

图 7-31 查看触发器信息

当使用一个含有"SHOW TRIGGERS"的 LIKE 子句时，待匹配的表达式会与触发器定义时所在的表名称相比较，而不与触发器的名称相比较。

（2）使用 SHOW CREATE TRIGGER 命令查看触发器的定义。

使用"SHOW CREATE TRIGGER 触发器名"命令可以查看指定名称的触发器的定义。

（3）通过查询 information_schema 数据库中的 triggers 表，可以查看触发器的定义。

MySQL 中所有触发器的定义都存放在 information_schema 数据库的 triggers 表中，查询 triggers 表时，可以查看所有数据库中所有触发器的详细信息，查询语句如下：

```
SELECT * FROM information_schema.triggers\G
```

7.3.5 删除触发器

如果不再使用某个触发器，可以使用 DROP TRIGGER 语句将其删除。DROP TRIGGER 语句语法如下：

DROP TRIGGER 触发器名;

本章小结

- 索引是一种特殊类型的数据对象，它可以用来提高对表中数据的访问速度，而且还能够对表实施完整性约束。
- MySQL 中的索引类型包括普通索引、唯一索引、全文索引和空间索引。其中，唯一索引要求任意两行的被索引字段不能存在重复值。索引可以在表中单个字段上创建，也可以在表中多个字段上创建。在多个字段上创建索引时，只有在查询条件中使用了这些字段中的第一个字段时，该索引才会被引用。

- 视图是从一个或多个表中导出来的表，是一种虚拟表。视图的结构和数据依赖于基本表。
- 视图可以简化查询语句，提高数据库的安全性。视图还可以修改基本表中的数据。
- 触发器是一种特殊类型的存储过程，在某个指定的事件发生时被激活。
- 触发器的两种类型：AFTER 触发器和 BEFORE 触发器。AFTER 触发器是先执行触发事件，再执行触发程序。BEFORE 触发器是先执行触发程序，再执行触发事件。
- INSERT 触发器在对触发器表执行插入记录操作时被触发。UPDATE 触发器在对触发器表执行更新记录操作时被触发。DELETE 触发器在对触发器表执行删除记录操作时被触发。
- 在触发程序中可以使用 NEW 关键字和 OLD 关键字。NEW 关键字表示新插入的记录或更新后的记录。OLD 关键字表示删除的记录或更新前的记录。
- 创建触发器使用 CREATE TRIGGER 命令，删除触发器使用 DELETE TRIGGER 命令。如果要修改触发器，可以先删除，再创建。

实训项目

项目1：在"网上书店"数据库中创建索引并查看维护

目的：掌握索引的创建、维护、使用。

内容：

（1）在会员表的联系方式列上定义唯一索引。
（2）在图书表的图书名称列上定义普通索引。
（3）在订购表的图书编号和订购日期列上创建多列索引。
（4）删除以上所建索引。

项目2：在"网上书店"数据库中创建视图并维护使用

目的：掌握视图的定义、维护、使用。

内容：

（1）定义基于图书表的视图（包含图书编号、图书名称、作者、价格、出版社、图书类别）。
（2）查询图书表视图，输出图书的名称和价格，并把查询结果按价格降序排列。
（3）查询图书表视图，输出价格最高的三种图书的名称和价格。

项目3：在"网上书店"数据库中创建触发器

目的：掌握触发器的创建和执行。

内容：在"网上书店"数据库中创建一个名为 tri_1 的触发器，当向订购表中插入记录时，如果订购量<=0，就将订购量设置为1。

项目 4：在"网上书店"数据库中使用触发器

目的：掌握触发器的使用。

内容：

（1）在"网上书店"数据库中创建一个名为 tri_2 的触发器，要求实现如下功能：当删除图书类别表中的某个图书类别时，将图书表中对应的图书类别的值设置为 NULL。

（2）在"网上书店"数据库中创建一个名为 tri_3 的触发器，要求实现如下功能：当删除某个会员的时候，自动删除该会员的订购信息。

项目 5：在"网上书店"数据库中删除触发器

目的：掌握触发器的删除

内容：删除网上书店数据库中的触发器 tri_1。

课后习题

一．选择题

1. （　　）的功能是视图可以实现的。
    A. 将用户限定在表中的特定行上
    B. 将用户限定在特定列上
    C. 将多个表中的列连接起来
    D. 将多个数据库的视图连接起来

2. 下列哪个选项是在使用视图修改数据时需要注意的？（　　）
    A. 在一个 UPDATE 语句中修改的字段必须属于同一个基本表
    B. 一次可以修改多个视图的基本表
    C. 视图中所有字段的修改必须遵守基本表所定义的各种数据完整性约束
    D. 可以对视图中的计算字段进行修改

3. 下列关于视图的说法哪个是错误的？（　　）
    A. 视图可以集中数据，简化和定制不同用户对数据集的不同要求
    B. 视图可以使用户只关心他感兴趣的某些特定数据和他所负责的特定任务
    C. 视图可以让不同的用户以不同的方式看到不同或者相同的数据集
    D. 视图不能用于连接多表

4. 下列几项中，关于视图叙述正确的是：（　　）
    A. 视图是一张虚表，所有的视图中不含有数据
    B. 不允许用户使用视图修改表中的数据
    C. 视图只能访问所属数据库的表，不能访问其他数据库的表
    D. 视图既可以通过表得到，也可以通过其他视图得到

5. （　　）是索引的类型。
    A. 唯一索引　　　B. 普通索引　　　C. 多列索引　　　D. 全文索引

6. 一张表中至多可以有( )个普通索引。
   A. 1   B. 249   C. 3   D. 无限多
7. ( )语句用来创建一个触发器。
   A. CREATE PROCEDURE   B. CREATE TRIGGER
   C. DROP PROCEDURE   D. DROP TRIGGER
8. 触发器创建在( )上。
   A. 表   B. 视图   C. 数据库   D. 查询
9. 当删除( )时，与它关联的触发器也同时删除。
   A. 视图   B. 临时表   C. 过程   D. 表

二．问答题

1. 简单说明视图的基本概念及优点。
2. 举例说明简单 SELECT 查询和视图的区别与联系。
3. 举例说明索引的概念与作用。
4. 举例说明什么是全文索引并写出创建全文索引的 SQL 语句。
5. 什么是触发器？它与存储过程有什么区别与联系？
6. 使用触发器有什么优点？

第 8 章

数据库高级管理

本章目标:

- 了解数据备份的基本概念
- 掌握 MySQL 中数据备份、数据恢复的基本操作
- 掌握 MySQL 中创建、删除用户的基本操作
- 掌握 MySQL 中授予、查看权限和收回权限的基本操作

确保数据库的安全性与完整性的措施是进行数据备份和数据还原。在数据库中有一些高级操作，如数据的备份、恢复，用户管理、权限管理等，本章将针对这些知识进行详细讲解。

8.1 数据库的备份与恢复

数据存放在计算机上，难免会发生一些意外造成数据丢失。例如，突然停电、管理员的操作失误等都可能导致数据的丢失。在一些对数据可靠性要求很高的行业，如银行、证券、电信等，如果发生意外停机或数据丢失，其损失会十分惨重。因此数据库管理员应针对具体的业务要求制定详细的数据库备份与灾难恢复策略，并通过故障模拟对每种可能发生的情况进行严格测试，以保证数据的高可用性。

数据备份是对数据库结构、对象和数据的复制，以便在数据库遭到破坏或因需求改变而需要把数据还原到某个时间点时能够恢复数据库。数据恢复就是将数据库备份加载到系统中。数据备份和数据恢复可以保护数据库的关键数据。

1. 数据备份的分类

（1）按备份时服务器是否在线来划分。
① 热备份。数据库正处于运行状态，此时依赖数据库的日志文件进行备份。
② 温备份。进行数据备份时数据库服务正常运行，但数据只能读不能写。
③ 冷备份。数据库处于关闭状态，能够较好地保证数据库的完整性。
（2）按备份的内容来划分。
① 逻辑备份。使用软件从数据库中提取数据并将结果写到一个文件上，该文件格式一般与原数据库的文件格式不同，只是原数据库中数据内容的一个映像。
② 物理备份。物理备份指直接复制数据库文件。与逻辑备份相比，其速度较快，但占用空间较大。
（3）按备份涉及的数据范围来划分。
① 完整备份。完整备份指备份整个数据库。这是任何备份策略中都要求完成的第一种备份类型，其他所有备份类型都依赖于完整备份。换句话说，如果没有执行完整备份，就无法执行差异备份和增量备份。
② 增量备份。是对数据库从上一次完整备份或者最近一次增量备份以来改变的内容的备份。
③ 差异备份。是对最近一次完整备份以后发生改变的数据进行的备份。差异备份仅备份自最近一次完整备份后发生更改的数据。

备份是一种十分耗费时间和资源的操作，对其使用不能太过频繁。应该根据数据库使用情况确定一个合适的备份周期。

2. 数据恢复的方法

数据恢复就是指当数据库出现故障时，将备份的数据库加载到系统中，从而使数据库恢复到备份时的正确状态。MySQL 有三种保证数据安全的方法。
（1）数据库备份。通过导出数据或者表文件的副本来保护数据。
（2）二进制日志文件保存更新数据的所有语句。
（3）数据库复制。MySQL 的内部复制功能建立在两个或多个服务器之间，是通过设定它们之间的主从关系来实现的。其中一个作为主服务器,其他的作为从服务器。

本章主要介绍前两种方法。恢复是与备份相对应的系统维护和管理操作。数据库系统进行恢复操作时,先执行一些系统安全性方面的检查,包括检查要恢复的数据库是否存在、数据库是否变化、数据库文件是否兼容等,然后根据所采用的数据库备份类型采取相应的恢复措施。

8.1.1 数据库的备份

为了保证数据的安全,数据库管理员应定期对数据库进行备份。备份需要遵循两个简单原则:一是要尽早并且经常备份;二是不要只备份到同一磁盘的同一文件中,要在不同位置保存多个副本,以确保备份安全。

MySQL 的 mysqldump 命令可以实现数据的备份。mysqldump 命令可以备份单个数据库、多个数据库和所有数据库,由于这三种备份方式比较类似,所以本节就以备份单个数据库为例来讲解 mysqldump 命令,其他方式只列举语法格式。

1. 备份单个数据库

mysqldump 命令备份数据库的语法格式如下:

```
mysqldump -u username -h host -ppassword
dbname [tbname1 ,tbname2…]>filename.sql;
```

参数说明如下。
- username:用户名称。
- host:用户登录的主机名称。
- password:登录密码。注意,在使用此参数时,"-p"和密码之间不能有空格。
- dbname:需要备份的数据库名称。
- tbname:数据库中需要备份的数据表,可以指定多个需要备份的表。若缺省该参数,则表示备份整个数据库。
- >:将备份的内容写入备份文件。
- filename.sql:备份文件名称。其中包括该文件所在路径。

需要注意的是,在使用 mysqldump 命令备份数据库时,直接在 DOS 命令行窗口中执行该命令即可,不需要登录到 MySQL 数据库。

接下来通过对前面所建的"学生选课"数据库进行备份来演示如何使用 mysqldump 命令。

【例 8-1】将"学生选课"数据库备份到 D 盘 bak 文件夹中。

首先在 D 盘创建一个文件夹,用来存放数据库的备份文件,将该文件夹命名为 bak。然后重新打开一个 DOS 命令行窗口(注意这里不用登录到 MySQL 数据库),使用 mysqldump 命令对"学生选课"数据库进行备份。mysqldump 语句如下:

```
mysqldump -uroot -hlocalhost --default-character-set=gbk -p123456 学生选课
>D:/bak/学生选课_20170805.sql
```

上述语句执行成功后,会在 D 盘文件夹 bak 中生成一个名为"学生选课_20170805.sql"的文件,该文件就是数据库的备份文件。用记事本打开该文件,文件内容如图 8-1 所示。

图 8-1 数据备份文件打开

从上述文件当中，我们可以看到 mysqldump 的版本号、MySQL 的版本号、备份的数据库名称。除此之外，还有一些 SET 语句、CREATE 语句、INSERT 语句和注释信息等。注释信息中，以"--"开头的语句是 SQL 的注释，以"/*!"开头、以"*/"结尾的语句是可执行的 MySQL 注释。这些语句可以被 MySQL 执行，但在其他数据库管理系统中将被作为注释忽略。

在以"/*!40101""/*!40103"等形式开头，以"*/"结尾的语句中，数字如 40101 表示 MySQL 数据库的版本号 4.1.1。MySQL 4.1.1 在还原数据的时候，如果当前的 MySQL 版本比 MySQL4.1.1 高，则"/*!40101"和"*/"之间的内容就被当作 SQL 命令来执行，如果当前的 MySQL 版本比 MySQL4.1.1 低，则"/!40101"和"*/"之间的内容就被当作注释。

2. 备份多个数据库

使用 mysqldump 命令备份多个数据库时，需要使用 --databases 参数，其语法格式如下：

```
mysqldump -u username -h host -ppassword --database dbname1 [dbname2 dbname3…]> filename.sql
```

在上述语法格式中，--databases 参数之后至少需要指定一个数据库的名称，如果有多个数据库名称，名称之间用空格隔开。

3. 备份所有数据库

使用 mysqldump 命令备份所有数据库时，需在该命令后使用 --all-databases 参数，其语法格式如下：

```
mysqldump -uusername  -hhost -ppassword --all-databases>filename.sql
```

需要注意的是，如果使用--all-databases 参数备份了所有的数据库，那么在还原数据库时，不需要创建数据库并指定要操作的数据库，因为对应的备份文件中包含 CREATE DATABASE 语句和 USE 语句。

mysqldump 命令提供了许多参数，包括用于调试和压缩的参数。下面只列举最常用的参数。运行帮助命令 mysqldump --help，可以获得特定版本的完整参数列表。

- --all-databases：备份所有数据库。
- --databases dbname：备份某个数据库。
- --lock-tables：锁定表。
- --lock-all-tables：锁定所有的表。
- --events：备份 EVENT 的相关信息。
- --no-data：只备份 DDL 语句和表结构，不备份数据。
- --master-data=n：备份的同时导出二进制日志文件及其位置。如果 n 为 1，则把信息保存为 CHANGE MASTER 语句；如果 n 为 2，则把信息保存为注释掉的 CHANGE MASTER 语句。
- --routines：将存储过程和存储函数定义备份。
- --single-transaction：实现热备份。
- --triggers：备份触发器。

8.1.2 数据库的恢复

恢复数据库，就是当数据库中的数据遭到破坏时，让数据库根据备份的数据回到备份时的状态。这里所说的恢复是指恢复数据库中的数据，而数据库是不能被恢复的。通过前面的内容可知，备份文件实际上就是由多个 CREATE、INSERT 和 DROP 语句组成的，因此只要使用 mysql 命令执行这些语句就可以将数据恢复。

对于使用 mysqldump 命令备份后形成的.sql 文件，可以使用 mysql 命令导入到数据库中。备份的.sql 文件中包含 CREATE、INSERT 语句，也可能包含 DROP 语句。mysql 命令可以直接执行文件中的这些语句。

mysql 命令恢复数据的语法格式如下：

```
mysql -u username -ppassword [dbname]<filename.sql
```

参数说明如下。

- username：表示登录的用户名。
- password：表示用户的密码。
- dbname：表示要恢复的数据库名称。

如果使用 mysqldump 命令备份的 filename.sql 文件中包含创建数据库的语句，则不需要指定数据库。

【例 8-2】先将"学生选课"数据库删除，再使用 mysql 命令利用备份文件"学生选课_20170805.sql"将"学生选课"数据库恢复。

执行恢复操作前，MySQL 服务器中必须存在"学生选课"数据库，如果不存在，在数据恢复过程中会出错。执行过程如下。

1. 删除"学生选课"数据库

```
DROP DATABASE 学生选课；
```

上述语句执行成功后，可以使用 SHOW DATABASES 语句进行数据库验证，验证结果如图 8-2 所示。

图 8-2　数据库删除成功

从查询的结果可以看出，"学生选课"数据库已经被成功删除了。

2. 创建数据库

创建"学生选课"数据库，具体语句如下：

```
CREATE DATABASE 学生选课；
```

上述语句执行成功后就可以恢复数据库中的数据了。

3. 恢复数据

使用 mysql 命令恢复 D:/bak 目录下的"学生选课_20170805.sql"文件。注意这里不用登录到数据库，输入以下语句：

```
mysql -uroot -p学生选课<D:/bak/学生选课_20170805.sql
Enter password: ******
```

上述语句执行成功后，数据库中的数据就会恢复到备份时的状态。

4. 查看数据

为了验证数据是否已经成功恢复，我们可以使用 SELECT 语句查询"学生选课"数据库中 teacher 表的数据：

```
SELECT * FROM teacher；
```

查询结果如图 8-3 所示。

```
Type 'help;' or '\h' for help. Type '\c' to clear the current input statement.
mysql> USE 学生选课;
Database changed
mysql> SELECT * FROM teacher;
+------+--------+---------+----------+----------+
| tno  | tname  | tgender | tedu     | tpro     |
+------+--------+---------+----------+----------+
| t001 | 吴亚飞 | 男      | 本科     | 讲师     |
| t002 | 李琦   | 男      | 硕士研究生 | 副教授   |
| t003 | 王艳红 | 女      | 硕士研究生 | 讲师     |
| t004 | 马志超 | 男      | 博士研究生 | 教授     |
| t005 | 万丽   | 女      | 硕士研究生 | 助理讲师 |
+------+--------+---------+----------+----------+
5 rows in set (0.00 sec)
```

图 8-3 数据恢复成功

从上述查询结果可以发现，数据已经被恢复了。

恢复数据还可以使用另外一种方式，即登录 MySQL 服务器，使用 SOURCE 语句导入已经备份的 filename.sql 文件。

SOURCE 语句的语法如下：

```
SOURCE filename.sql;
```

SOURCE 语句的语法格式比较简单。注意在导入文件的时候指定的文件名称必须为全路径名称。语句执行效果和在命令行执行 mysql 命令一样。

8.2 用户管理

用户管理可以保证 MySQL 系统的安全性。MySQL 的用户管理包括创建用户、删除用户、管理密码等。MySQL 用户分为 root 用户和普通用户，root 用户为超级管理员，具有所有权限，而普通用户只拥有被赋予的指定权限。

8.2.1 user 表

在安装 MySQL 时，系统会自动创建一个名为 mysql 的数据库，该数据库中的表都是权限表，如 user、db、host、tables_priv、column_priv、procs_priv 等，其中 user 表是最重要的权限表，它记录了允许连接到服务器的账号信息以及一些全局级别的权限信息。通过操作该表就可以对这些信息进行修改。user 表中的一些常用字段如表 8-1 所示。

表 8-1 user 表

字段名称	字段含义	默认值
Host	主机名	
User	用户名	
Password	密码	
Select_priv	确定用户是否可以通过 SELECT 命令选择数据	N
Insert_priv	确定用户是否可以通过 INSERT 命令插入数据	N
Update_priv	确定用户是否可以通过 UPDATE 命令修改现有数据	N

续表

字段名称	字段含义	默认值
Delete_priv	确定用户是否可以通过 DELETE 命令删除现有数据	N
Create_priv	确定用户是否可以创建新的数据库和表	N
Drop_priv	确定用户是否可以删除现有数据库和表	N
Reload_priv	确定用户是否可以执行用来刷新和重新加载 MySQL 所用的各种内部缓存（包括日志、权限、主机、查询和表）的特定命令	N
Shutdown_priv	确定用户是否可以关闭 MySQL 服务器。在将此权限提供给 root 账户之外的任何用户时，都应当非常谨慎	N
ssl_type	用于加密	
ssl_cipher	用于加密	NULL
max_questions	每小时允许用户执行查询操作的次数	0
max_updates	每小时允许用户执行更新操作的次数	0
max_connections	每小时允许用户建立连接的次数	0
max_user_connections	允许单个用户同时建立连接的次数	0

上表只列举了 user 表的一部分字段，实际上 MySQL 5.6 的 user 表中有 42 个字段，有兴趣的读者可以自行查阅。

8.2.2 创建新用户

在 MySQL 数据库中，只有一个 root 用户是无法管理众多数据的，因此需要创建多个普通用户来管理不同类型的数据。创建普通用户有以下三种方法。

1. 使用 CREATE USER 语句创建新用户

使用 CREATE USER 语句创建一个新用户时，MySQL 服务器会自动修改相应的授权表。该语句创建的新用户可以连接数据库，但是不具有任何权限。

CREATE USER 语句创建用户的语法格式如下：

```
CREATE USER 'username'@'hostname' [IDENTIFIED BY [PASSWORD]'password'
[,'username'@'hostname' [IDENTIFIED BY [PASSWTRD]'password']]…
```

参数说明如下。
- username：用户名。
- hostname：主机名。如果只指定 username 部分，hostname 部分则默认为'%'（即对所有的主机开放权限）。
- IDENTIFIED BY：设置用户登录服务器时的密码。如果没有该参数，用户登录时不需要密码。
- PASSWORD：使用哈希值设置密码(不想以明文发送密码)。
- 'password'：用户登录时使用的普通明文密码。

该语句的具体使用请看例 8-2。

【例 8-3】使用 CREATE USER 语句创建一个新用户，用户名为 zdp，密码为 123。
首先使用 USE 语句选择 mysql 数据库，然后键入 CREATE USER 语句。

```
CREATE USER 'zdp'@'localhost' IDENTIFIED BY '123';
```
上述语句执行成功后，可以通过 SELECT 语句验证用户是否创建成功：
```
SELECT Host,User,Password FROM user;
```
验证结果如图 8-4 所示。

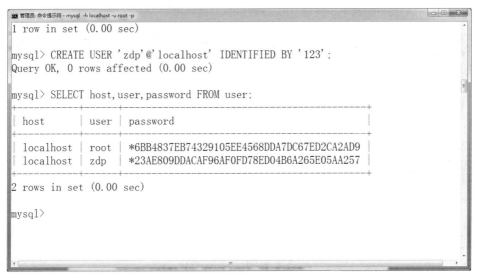

图 8-4　用户 zdp 添加成功

从执行结果来看，zdp 用户已经成功创建，但密码显示的并不是"123"，而是一串字符，这是因为在创建用户时，MySQL 会对用户的密码自动加密，以提高数据库的安全性。

zdp 用户可以登录到 MySQL，但是不能使用 USE 语句选择用户创建的任何数据库，因此也无法访问那些数据库中的表。如果该用户已经存在，则在执行 CREATE USER 语句时系统会报错。

2. 使用 GRANT 语句创建用户

与 CREATE USER 语句不同，GRANT 语句不仅可以创建新用户，而且可以对该用户授权。除此之外，GRANT 语句还可以指定用户的其他特点，如安全连接、限制使用服务器资源等。GRANT 语句执行的时候自动加载权限表，无需手动刷新。因此，GRANT 语句是创建用户最常用的方法。

GRANT 语句创建用户的语法格式如下：
```
GRANT privileges ON database.table TO 'username'@'hostname'[IDENTIFIED BY
[PASSWORD]'password'][,'username'@'hostname'[IDENTIFIED BY [PASSWORD]'password']…
```
参数说明如下。
- privileges：赋予用户的权限类型。
- database.table：用户的权限范围，即只能在指定的数据库和表上使用自己的权限。

其他参数同 CREATE USER 语句。

【例 8-4】使用 GRANT 语句创建一个新用户，用户名为 hnzj，密码为 123，并授予该用户对"学生选课.teacher"表有查询权限。

GRANT 语句如下：

```
GRANT SELECT ON 学生选课.teacher TO 'hnzj'@'localhost' IDENTIFIED BY'123';
```

上述语句执行成功后，可以通过 SELECT 语句验证用户是否创建成功：

```
SELECT Host,User,Password FROM user;
```

验证结果如图 8-5 所示。

图 8-5　用户 hnzj 添加成功

从执行结果可以看出，使用 GRANT 语句成功地创建了一个新用户 hnzj，密码以密文显示。注意，用户使用 GRANT 语句创建新用户时，该用户必须具有 GRANT 权限。

3. 使用 INSERT 语句创建用户

从上面的讲述中可以看出，不管是使用 CREATE USER 语句还是 GRANT 语句创建新用户，实际上就是在 mysql 数据库的 user 表中添加一条新的记录。因此，可以使用 INSERT 语句直接将新用户的信息添加到 mysql.user 表中。

使用 INSERT 语句创建用户的语法格式如下：

```
INSERT INTO mysql.user(Host,User,Password,ssl_cipher,x509_issuer, x509_subject)
VALUES ('hostname','username', PASSWORD ('password'),'','','')
```

PASSWORD()是一个加密函数，用于给密码加密。

需要注意的是，使用 INSERT 语句创建用户时，通常只需要给出 Host、User、Password 三个字段的值即可，其他字段取默认值。但由于 ssl_cipher、x509_issuer、x509_subject 三个字段没有默认值，因此使用 INSERT 语句创建用户的时候，需要给这几个字段设置初值，一般设置为空串即可。

【例 8-5】使用 INSERT 语句在 mysql.user 表中创建一个新用户，用户名为 mythird，密码为 123。

语句如下：

```
INSERT INTO mysql.user (Host, User, Password, ssl_cipher, x509_issuer,
x509_subject) VALUES ('localhost','mythird', PASSWORD('123'),'','','');
```

上述语句执行成功后，通过 SELECT 语句验证用户是否创建成功：

`SELECT Host,User,Password FROM user;`

验证结果如图 8-6 所示。

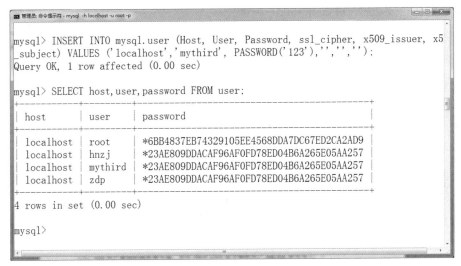

图 8-6　用户 mythird 添加成功

从执行结果可以看出，用户 mythird 已经成功创建。由于 INSERT 语句执行完毕后，没有自动刷新权限表的功能，mythird 用户暂时是不能使用的。我们可以通过重启 MySQL 服务器或者刷新当前权限表使 mythird 用户生效。刷新权限表的语句如下：

`FLUSH PRIVILEGES;`

上述语句执行成功后，就可以使用 mythird 用户来登录 MySQL 数据库了。

8.2.3　删除普通用户

在 MySQL 中，通常会创建多个用户来管理数据库。在使用过程中如果发现某些用户没有存在的必要了，就可以将该用户删除。在 MySQL 中有两种删除用户的方式。

1. 使用 DROP USER 语句删除用户

如果要删除某个用户，只需在 DROP USER 后面指定要删除的用户即可。DROP USER 语句还可以同时删除多个 MySQL 账户，并取消其权限。要使用 DROP USER 语句，必须拥有 mysql 数据库的 DROP USER 权限。

DROP USER 语句的语法格式如下：

`DROP USER 'username'@'hostname'[,'username'@'hostname'];`

参数说明如下：
- usernarne：表示要删除的用户。
- hostname：表示主机名。

DROP USER 语句可以同时删除一个或多个用户，多个用户之间用逗号隔开。

【例 8-6】root 用户登录数据库服务器，使用 DROP USER 语句删除用户 zdp。
SQL 语句如下：

```
DROP USER 'zdp'@'localhost';
```

上述语句执行成功后，通过 SELECT 语句验证：

```
SELECT Host,User,Password FROM user;
```

验证结果如图 8-7 所示。

图 8-7 用户 zdp 删除成功

从运行结果可以看出，user 表中已经不存在用户 zdp 了，说明该用户已经被删除了。

2. 使用 DELETE 语句删除用户

所谓删除用户，就是将 mysql 数据库的 user 表中的一条记录删除，因此，也可以通过 DELETE 语句实现用户删除。使用 DELETE 语句删除 user 表中的数据时，要指定表名为 mysql.user，用户还必须拥有对 mysql.user 表的 DELETE 权限。

DELETE 语句的语法格式如下：

```
DELETE FROM mysql.user WHERE Host='hostname' AND User='username';
```

其中 Host 和 User 是 mysql.user 表中的字段，这两个字段可以确定一条记录。

【例 8-7】以 root 用户登录数据库服务器，使用 DELETE 语句删除用户 mythird。
SQL 语句如下：

```
DELETE FROM mysql.user WHERE Host='localhost' AND User='mythird';
```

上述语句执行成功后，通过 SELECT 语句验证：

```
SELECT host,user,password FROM user;
```

验证结果如图 8-8 所示。

从运行结果可以看出，user 表中已经没有用户 mythird 的记录了，说明该用户已经被成功删除。执行 DELETE 命令后也需要使用 FLUSH PRIVILEGES 语句刷新一下用户权限。

```
mysql> DELETE FROM mysql.user WHERE Host='localhost' AND User='mythird';
Query OK, 1 row affected (0.00 sec)

mysql> SELECT host,user,password FROM user;
+-----------+------+-------------------------------------------+
| host      | user | password                                  |
+-----------+------+-------------------------------------------+
| localhost | root | *6BB4837EB74329105EE4568DDA7DC67ED2CA2AD9 |
| localhost | hnzj | *23AE809DDACAF96AF0FD78ED04B6A265E05AA257 |
+-----------+------+-------------------------------------------+
2 rows in set (0.00 sec)

mysql>
```

图 8-8 用户 mythird 删除成功

8.2.4 修改用户信息

创建好用户后，还可以对用户的名称和密码进行修改。

1. 修改用户名称

在 MySQL 中，修改用户的名称可以使用 RENAME USER 语句。基本语法格式如下：

```
RENAME USER old_username TO new_username[,old_username TO new_username][,…]
```

参数说明如下。
- old_username 为已经存在的 SQL 用户修改前的旧名称。
- new_username 为已经存在的 SQL 用户修改后的新名称。

使用 RENAME USER 语句，必须拥有 CREATE USER 权限或 mysql 数据库的 UPDATE 权限。如果旧名称不存在或者新名称已经存在，则会出现错误。

【例 8-8】将用户 hnzj 的用户名改为 king。
SQL 语句如下：

```
RENAME USER 'hnzj'@'localhost' TO 'king'@'localhost';
```

上述语句执行成功后，通过 SELECT 语句验证：

```
SELECT Host,User,Password FROM user;
```

验证结果如图 8-9 所示。

```
mysql> RENAME USER 'hnzj'@'localhost' TO 'king'@'localhost';
Query OK, 0 rows affected (0.00 sec)

mysql> SELECT host,user,password FROM user;
+-----------+------+-------------------------------------------+
| host      | user | password                                  |
+-----------+------+-------------------------------------------+
| localhost | root | *6BB4837EB74329105EE4568DDA7DC67ED2CA2AD9 |
| localhost | king | *23AE809DDACAF96AF0FD78ED04B6A265E05AA257 |
+-----------+------+-------------------------------------------+
2 rows in set (0.00 sec)

mysql>
```

图 8-9 用户 hnzj 修改成功

从运行结果可以看出，user 表中的 hnzj 用户名称被改成了 king。

2. 修改用户密码

MySQL 中的用户可以对数据库进行权限内的各种操作，因此用户的密码非常重要，密码一旦泄露就必须马上修改。在 MySQL 用户中，root 用户的权限最高，可以修改自己的密码，也可以修改其他普通用户的密码；普通用户只能修改自己的密码。

修改某个用户的登录密码，可以使用 mysqladmin 命令、UPDATE 语句或 SET PASSWORD 语句来实现。

由于 root 用户和普通用户修改密码的方式比较类似，下面就以修改 root 用户的密码为例进行讲解。

（1）使用 mysqladmin 命令修改密码

mysqladmin 命令通常用于执行一些管理性的工作，在 MySQL 中可以使用该命令来修改用户的密码。mysqladmin 命令修改密码的语法格式如下：

```
mysqladmin -u username [-h hostname] -p password new_password
```

参数说明如下。
- username：指需要修改密码的用户名，这里指定为 root 用户。
- hostname：指需要修改密码的用户所在的主机名。该参数可以不写，默认值是 localhost。
- password：是关键字，不是旧密码。
- new_password：指新设置的密码。

【例 8-9】在命令行窗口，使用 mysqladmin 命令，将 root 用户的密码修改为 newpwd。SQL 语句如下：

```
mysqladmin -u root -p password newpwd;
Enter password: ******
```

上述语句执行时提示输入密码，密码为 root 用户的旧密码，密码输入后，该语句执行完毕，root 用户的密码被修改。下次登录时则需要使用新密码。

图 8-10 所示结果证明，密码已经修改成功，可以使用新密码登录数据库服务器。

```
C:\Users\lenovo>mysql -hlocalhost -uroot -pnewpwd
Welcome to the MySQL monitor.  Commands end with ; or \g.
Your MySQL connection id is 8
Server version: 5.1.35-community MySQL Community Server (GPL)

Type 'help;' or '\h' for help. Type '\c' to clear the current input statement.

mysql>
```

图 8-10　root 用户密码修改成功

（2）使用 UPDATE 语句修改 root 用户密码

修改用户密码信息，也可以直接修改 mysql 数据库的 user 表。root 用户只要登录到 MySQL 服务器，就可以使用 UPDATE 语句直接修改自己的密码。

UPDATE 语句修改密码的语法格式如下：

```
UPDATE mysql.user set Password= PASSWORD('new_password') WHERE User='username' and Host='hostname';
```

【例 8-10】使用 root 用户登录到 MySQL 服务器，通过 UPDATE 语句将自身的密码修改为 newpwd2。

UPDATE 语句如下：

```
UPDATE mysql.user SET Password=PASSWORD('newpwd2') WHERE User='root' and Host='localhost';
```

上述语句执行成功后，需要使用 FLUSH PRIVILEGES 语句重新加载权限表，这样新密码才会生效。

图 8-11 所示结果证明，密码已经修改成功，可以使用新密码登录数据库服务器。

```
mysql> UPDATE mysql.user SET Password= PASSWORD('newpwd2') WHERE User='root' and
ost='localhost';
Query OK, 1 row affected (0.00 sec)
Rows matched: 1  Changed: 1  Warnings: 0

mysql> FLUSH PRIVILEGES;
Query OK, 0 rows affected (0.02 sec)

mysql> quit
Bye

C:\Users\lenovo>mysql -uroot -pnewpwd2
Welcome to the MySQL monitor.  Commands end with ; or \g.
Your MySQL connection id is 9
Server version: 5.1.35-community MySQL Community Server (GPL)

Type 'help;' or '\h' for help. Type '\c' to clear the current input statement.

mysql>
```

图 8-11 root 用户密码再次修改成功

（3）使用 SET 语句修改 root 用户的密码

要想使用 SET 语句修改密码，首先使用 root 用户登录服务器。新密码一定要使用 PASSWORD()函数加密。SET 语句修改密码的语法格式如下：

```
SET PASSWORD [FOR username]=PASSWORD('newpassword');
```

上述格式中，"[FOR username]" 为可选部分，如果没有，表示修改当前用户的密码。如果加上 "[FOR username]" 表示修改当前主机上用户名为 username 的密码。username 值必须写成'username'@'hostname'的格式。

【例 8-11】使用 root 用户登录到 MySQL 服务器，再使用 SET 语句将 root 用户的密码修改为 123456。

SET 语句如下：

```
SET PASSWORD=PASSWORD('123456');
```

上述语句执行成功后，新密码 123456 即生效，如图 8-12 所示。

图 8-12 root 用户密码第三次修改成功

上述结果证明，密码修改成功，已经可以使用新密码登录数据库服务器。

8.3 权限管理

在 MySQL 数据库中，为了保证数据的安全性，数据库管理员需要为每个用户赋予不同的权限，以满足不同用户的需求。对权限管理简单的理解就是 MySQL 控制用户只能做权限以内的事情，不可以越界。比如用户只具有 SELECT 权限，那么该用户就只能执行 SELECT 操作，不能执行其他操作。

权限管理主要是对登录到 MySQL 的用户进行权限验证。所有用户的权限都存储在 MySQL 的权限表中。合理的权限管理能够保证数据库系统的安全，而不合理的权限设置会给 MySQL 服务器带来安全隐患。

8.3.1 MySQL 的权限类型

MySQL 数据库中有多种类型的权限，这些权限信息被存储在 user、db、host、tables_priv、column_priv 和 procs_priv 表中。在 MySQL 启动时，服务器将这些数据库中的权限信息读取到内存中。

表 8-2 中列出了 MySQL 的各种权限：

表 8-2 MySQL 的权限信息

权限名称	权限范围	权限说明
CREATE	数据库、表或索引	创建数据库、表或索引的权限
DROP	数据库或表	删除数据库或表的权限
GRANT OPTION	数据库、表或保存的程序	赋予权限选项
REFERENCES	数据库或表	创建外键约束的权限
ALTER	表	更改表的权限，比如添加字段、索引等
DELETE	表	删除数据的权限

续表

权限名称	权限范围	权限说明
INDEX	表	添加索引的权限
INSERT	表	插入数据的权限
SELECT	表	查询数据的权限
UPDATE	表	更新数据的权限
CREATE VIEW	视图	创建视图的权限
SHOW VIEW	视图	查看视图的权限
ALTER ROUTINE	存储过程、函数	更改存储过程或函数的权限
CREATE ROUTINE	存储过程、函数	创建存储过程或函数的权限
EXECUTE	存储过程、函数	执行存储过程或函数的权限
FILE	服务器主机上的文件	文件访问权限
CREATE TEMPORARY TABLES	表	创建临时表权限
LOCK TABLES	表	锁表权限
CREATE USER	服务器管理	创建用户权限
PROCESS	服务器管理	查看进程权限
RELOAD	服务器管理	执行 flush hosts、flush logs、flush privileges、flush status、flush tables、flush threads、refresh、reload 等命令的权限
REPLICATION CLIENT	服务器管理	复制权限
REPLICATION SLAVE	服务器管理	复制权限
SHOW DATABASES	服务器管理	查看数据库权限
SHUTDOWN	服务器管理	关闭数据库权限
SUPER	服务器管理	执行 kill 线程权限

8.3.2 权限查询

MySQL 提供 SHOW GRANTS 语句用来显示指定用户的权限信息。
SHOW GRANTS 的基本语法格式如下：

```
SHOW GRANTS FOR 'username'@'hostname';
```

【例 8-12】使用 SHOW GRANTS 语句查看 root 用户的权限信息。
语句如下：

```
SHOW GRANTS FOR 'root'@'localhost';
```

执行结果如图 8-13 所示。

从上述执行结果可以看出，root 用户的权限为 GRANT ALL PRIVILEGES，即 root 用户拥有全部权限，"WITH GRANT OPTION"表示 root 用户可为其他用户授权。

```
mysql> SHOW  GRANTS  FOR 'root'@'localhost';
+--------------------------------------------------------------------------------+
| Grants for root@localhost                                                      |
+--------------------------------------------------------------------------------+
| GRANT ALL PRIVILEGES ON *.* TO 'root'@'localhost' IDENTIFIED BY PASSWORD '*6BB
37EB74329105EE4568DDA7DC67ED2CA2AD9' WITH GRANT OPTION |
+--------------------------------------------------------------------------------+
1 row in set (0.00 sec)

mysql>
```

图 8-13 root 用户权限

8.3.3 权限授予

在 MySQL 中，可以使用 GRANT 语句为用户授予权限。

GRANT 语句的语法格式如下：

```
GRANT priv_type [(columns)][,priv_type[(columns)]] ON database.table
  TO 'username'@'hostname' [IDENTIFIED BY [PASSWOR]'password']  [,'username'@'hostname' [IDENTIFIED BY [PASSWORD]'password']]…[WITH with_option [with_option]…]
```

参数的含义如下。

- priv_type：权限的类型。
- columns：权限作用的列名。省略不写表示权限作用于整个表。
- username：用户名。
- hostname：主机名。
- IDENTIFIED BY：为用户设置密码。
- PASSWORD：关键字，password 为用户的新密码。
- WITH：关键字，可以带有多个 with_option 参数，这个参数有五个取值，具体如下：

（1）GRANT OPTION：可以将自己的权限授予其他用户。

（2）MAX_QUERIES PER HOUR count：每小时最多可以执行 count 次查询。

（3）MAX_UPDATE_PER_HOUR count：每小时最多可以执行 count 次更新。

（4）MAX_CONNECTIONS_PER_HOUR count：每小时最大的连接数量为 count 个。

（5）MAX_USER_CONNECTIONS：每个用户最多可以同时建立 count 个连接。

【例 8-13】使用 GRANT 语句创建一个新用户 hnzj，密码为 123，授予 hnzj 用户对所有数据库的查询、插入权限，并使用 WITH GRANT OPTION 子句授予该用户可将其权限授予给其他用户的权限。

GRANT 语句如下：

```
GRANT INSERT,SELECT ON *.* TO 'hnzj'@'localhost' IDENTIFIED BY '123'
WITH GRANT OPTION;
```

上述语句执行成功后，可以使用 SELECT 语句来查询 user 表中的用户权限，查询结果如图 8-14 所示。

```
mysql> GRANT INSERT,SELECT ON *.* TO 'hnzj'@'localhost' IDENTIFIED BY '123' WITH G
RANT OPTION;
Query OK, 0 rows affected (0.01 sec)

mysql> USE mysql;
Database changed
mysql> SELECT Host,User,Password,insert_priv,select_priv,grant_priv FROM mysql.use
r WHERE user='hnzj' \G;
*************************** 1. row ***************************
       Host: localhost
       User: hnzj
   Password: *23AE809DDACAF96AF0FD78ED04B6A265E05AA257
insert_priv: Y
select_priv: Y
 grant_priv: Y
1 row in set (0.00 sec)

ERROR:
No query specified
```

图 8-14　用户 hnzj 权限

从执行结果可以看出，Host 字段值为 localhost，User 字段值为 hnzj，insert_priv、select_priv、grant-priv 字段值都为 Y，因此用户 hnzj 对所有数据库具有插入、查询权限以及对其他用户赋予自身权限的权限。

8.3.4　权限收回

在 MySQL 中，为了保证数据的安全，有时需要取消已经授予用户的某些权限。权限收回后，用户账户记录将从 db、host、tables_priv 和 columns_priv 表中删除，但是用户账户记录仍然在 user 表中保存。收回权限利用 REVOKE 语句来实现。

1. 收回指定权限

REVOKE 语句的语法格式如下：

```
REVOKE priv_type [columns] [, priv_type [(columns)]] ON database.table
FROM 'username';
```

priv_type 参数表示收回的权限。columns 参数表示收回的权限所作用的列，如果不指定则指整个表。

【例 8-14】使用 REVOKE 语句收回用户 hnzj 对所有对象的插入权限。
GRANT 语句如下：

```
REVOKE INSERT ON *.* FROM 'hnzj'@'localhost';
```

上述语句执行成功后，可以通过 SELECT 语句查询 user 表中的用户信息。
验证结果如图 8-15 所示。

```
mysql> USE mysql;
Database changed
mysql> SELECT Host,User,Password,insert_priv,select_priv,grant_priv FROM mysql.us
er  WHERE user='hnzj' \G;
*************************** 1. row ***************************
       Host: localhost
       User: hnzj
   Password: *23AE809DDACAF96AF0FD78ED04B6A265E05AA257
insert_priv: N
select_priv: Y
 grant_priv: Y
1 row in set (0.00 sec)

ERROR:
No query specified

mysql>
```

图 8-15　用户 hnzj 权限

可以看出，insert_priv 字段的权限值已经被修改为 N，说明 REVOKE 语句将用户 hnzj 的插入权限收回了。

2. 收回所有权限

收回所有权限的语法格式如下：

```
REVOKE ALL PRIVILEGES, GRANT OPTION FROM 'username'@'hostname'[,'username'
@'hostname']…
```

其中，ALL PRIVILEGES 表示所有权限，GRANT OPTION 表示向其他用户授予权限。

【例 8-15】使用 REVOKE 语句收回用户 hnzj 的所有权限。

GRANT 语句如下：

```
REVOKE ALL PRIVILEGES,GRANT OPTION FROM 'hnzj'@'localhost';
```

上述语句执行成功后，可以通过 SELECT 语句来查询 user 表中的用户信息，查询结果如图 8-16 所示。

```
No query specified

mysql> REVOKE ALL PRIVILEGES,GRANT OPTION FROM 'hnzj'@'localhost';
Query OK, 0 rows affected (0.01 sec)

mysql> SELECT Host,User,Password,insert_priv,select_priv,grant_priv FROM mysql.us
er  WHERE user='hnzj' \G;
*************************** 1. row ***************************
       Host: localhost
       User: hnzj
   Password: *23AE809DDACAF96AF0FD78ED04B6A265E05AA257
insert_priv: N
select_priv: N
 grant_priv: N
1 row in set (0.00 sec)

ERROR:
No query specified

mysql>
```

图 8-16　用户 hnzj 权限

从上述结果可以看出，用户 hnzj 的 SELECT、GRANT 权限都被收回了。

本章小结

- 数据的备份与恢复。为保证数据库中数据的安全，要经常进行数据库的备份。当数据库遭到破坏时，可以使用备份来恢复数据。
- 数据库用户的管理，包括数据库用户的增加、删除、修改、查看等基本操作。
- 用户权限的管理，包括用户权限的查询、授予和收回等操作。

实训项目

项目1：使用 SQL 语句备份与恢复数据

目的：掌握利用 SQL 语句对数据库进行备份与恢复。
内容：
（1）在 D 盘创建一个新的备份文件夹 s3_bak。
（2）使用 SQL 语句将"学生选课"数据库中的所有数据备份到 s3_bak 文件夹下。
（3）删除"学生选课"数据库，使用 SQL 命令恢复"学生选课"数据库。

项目2：创建新用户

目的：掌握使用 SQL 语句进行用户的创建、查看和删除操作。
内容：
（1）使用 SQL 语句创建 test 用户。
（2）使用 SQL 语句查看创建的 test 用户的信息。
（3）使用 SQL 语句删除 test 用户。

项目3：用户权限的授予和收回

目的：掌握使用 SQL 语句授予和收回用户权限。
内容：
（1）使用 SQL 语句授予 test 用户对"学生选课"数据库中 studentInfo 表、teacher 表的查询、插入、更新和删除数据的权限。
（2）使用 SQL 语句收回 test 用户的全部权限。

课后习题

1. 什么是数据库的备份和恢复？为什么要进行数据库的备份？
2. 创建用户的方法有哪几种？写出这几种方法。
3. 写出为用户授予权限的命令。
4. 如果 root 用户的密码泄露，请问该怎么解决？

第 9 章

项目案例

本章目标：

通过一个典型的数据库管理系统——银行业务系统的项目开发，对本书所讲内容进行总结和巩固。

本章训练技能点：

- 使用 SQL 语句创建数据库和表
- 使用 SQL 语句编程实现用户业务
- 使用事务和存储过程封装业务逻辑
- 使用视图简化复杂的数据查询

9.1 案例分析

9.1.1 需求概述

某银行是一家民办的小型银行企业，现有十多万客户。现在要为该银行开发一套管理系统，对银行日常的业务进行计算机管理，以提高工作效率，保证数据安全。

系统要求实现客户要求的功能，并运行稳定。

9.1.2 问题分析

通过和银行柜台人员的沟通交流，确定该银行的业务描述如下。

（1）银行为客户提供了各种银行存取款业务，详见表9-1。

表9-1 银行存取款业务

业务	描述
活期	无固定存期，可随时存取，存取金额不限的一种比较灵活的存款业务
定活两便	事先不约定存期，一次性存入、一次性支取的存款业务
通知	不约定存期，支取时需提前通知银行，约定支取日期和金额方能支取的存款业务
整存整取	选择存款期限，整笔存入，到期提取本息的一种定期储蓄业务。银行提供的存款期限有1年、2年和3年
零存整取	一种事先约定金额，逐月按约定金额存入，到期支取本息的定期储蓄业务。银行提供的存款期限有1年、2年和3年
转账	同一币种账户的银行卡之间互相划转的业务

（2）客户凭个人身份证在银行可以开设银行卡账户。开设账户时，客户需要提供的开户数据如表9-2所示。

表9-2 开设银行卡账户需要提供的开户数据

数据	说明
姓名	必须提供
身份证号	唯一确定用户。由17位数字和1位数字或字符组成
联系电话	分为座机号码和手机号码 ▷ 座机号码由数字和"-"构成，有以下两种格式。 ◆XXX—XXXXXXXX ◆XXXX—XXXXXXXX ▷ 手机号码由11位数字组成
居住地址	可以选择提供或不提供

（3）银行为每个账户提供一个银行卡，每个银行卡可以存入一种币种的存款。银行保存账户的信息如表9-3所示。

表 9-3 银行卡账户信息

数据	说明
卡号	银行卡卡号由 16 位数字组成。其中：前 8 位一般代表特殊含义，如某支行等。假定银行要求其卡号格式为：6227 2666 XXXX XXXX，后面 8 位是随机产生且唯一的。每 4 位号码后有空格
密码	由 6 位数字构成，开户时默认为"888888"
币种	默认为 RMB，假定该银行目前尚未开设其他币种存款业务
存款类型	必须选择
开户日期	客户开设银行卡账户的日期，默认为当日
开户金额	客户开设银行卡账户时存入的金额
余额	客户账户目前剩余的金额
是否挂失	默认为"否"

（4）客户持卡在银行柜台或 ATM 机上输入密码，经系统验证身份后可办理存款、取款和转账等银行业务。

（5）银行在为客户办理存取款业务时，需要记录每一笔交易信息。交易信息如表 9-4 所示。

表 9-4 银行卡交易信息

数据	说明
卡号	银行的卡号由 16 位数字组成
交易日期	交易时的日期和时间
交易金额	必须大于 0
交易类型	包括存入和支取两种
备注	对每笔交易做必要的说明

（6）该银行要求这套软件能实现客户的开户、存款、取款、转账和余额查询等业务，使银行储蓄业务更方便、快捷，同时保证银行业务数据的安全性。

（7）为了使开发人员尽快了解银行业务，该银行提供了银行卡手工账户和存取款单据的样本数据，以供项目开发时参考。详见表 9-5 和表 9-6。

表 9-5 银行卡手工账户信息

账户姓名	王小利	账户姓名	赵家平
身份证号	110103195412236346	身份证号	410103196001153461
联系电话	0579-68837215	联系电话	15801112309
住址	山东济南市小郭乡	住址	北京市昌平区
卡号	6227 2666 1010 5112	卡号	6227 2666 1822 6631
存款类型	定期一年	存款类型	活期
开户日期	2016-11-13 15:30:12	开户日期	2016-08-21 09:10:11
开户金额	￥1.00	开户金额	￥1.00
余额	￥1,5132.19	余额	￥983.89
密码	991248	密码	367542
账户状态		账户状态	挂失

表 9-6 银行卡交易信息

交易日期	交易类型	卡号	交易金额	余额	终端机编号
2017-11-21 09:21:16	存入	6227 2666 1010 5112	¥4,000.00	¥4,200.00	1101
2017-12-13 21:18:21	存入	6227 2666 1010 5112	¥1,000.00	¥5,200.00	1305
2017-12-19 10:36:37	支取	6227 2666 7173 8982	¥100.00	¥460.00	2104
2017-01-01 11:08:09	支取	6227 2666 9989 8112	¥2,500.00	¥1,000.00	4482
2018-01-01 13:01:01	存入	6227 2666 9331 9007	¥1,000.00	¥5,800.71	9803
2018-01-01 15:17:16	支取	6227 2666 1010 5112	¥4,000.00	¥1,200.00	1101
2018-01-02 08:09:03	存入	6227 2666 9989 8112	¥5,000.00	¥6,000.00	1305
2018-01-02 09:01:02	存入	6227 2666 1822 6631	¥100.00	¥1,083.89	1101
2018-03-09 13:15:31	支取	6227 2666 1822 6631	¥300.00	¥783.89	4482

9.2 项目设计

9.2.1 数据库设计

1. 创建银行业务系统 E-R 图

任务描述

明确银行业务系统的实体、实体属性,以及实体之间的关系。

提示

① 在充分理解银行的业务需求后,围绕银行的业务需求进行分析,确认与银行业务系统有紧密相关的实体,并得到每个实体的必要属性。

② 对银行业务进行分析,找出多个实体之间的关系。实体之间的关系可以是一对一、一对多、多对多。

银行业务系统 E-R 图如图 9-1 所示。

图 9-1 银行业务系统 E-R 图

2. 将 E-R 图转换为关系模式

按照将 E-R 图转换为关系模式的规则，将图 9-1 所示 E-R 图转换，得到的关系模式为：

客户（<u>客户编号</u>，开户名，身份证号，联系电话，居住地址）

银行卡（<u>卡号</u>，密码，开户日期，开户金额，存款类型，余额，是否挂失，币种，客户编号）

交易（<u>卡号，交易日期</u>，交易类型，交易金额，终端机编号）

终端机（<u>编号</u>）

对上述关系模式进行以下优化。"终端机"关系只有一个"编号"属性，并且此属性已经包含在"交易"关系中了，这个关系可以删除。"银行卡"关系中的"存款类型"为汉字，会出现大量的数据冗余，为减少数据冗余，可分出一个"存款类型"关系，包含"存款类型编号"和"存款类型名称"等属性，将"银行卡"关系中的"存款类型"属性改为"存款类型编号"。

优化后的关系模式为：

客户（<u>客户编号</u>，开户名，身份证号，联系电话，居住地址）

银行卡（<u>卡号</u>，密码，开户日期，开户金额，存款类型编号，余额，币种，是否挂失，客户编号）

交易（<u>卡号，交易日期</u>，交易类型，交易金额，终端机编号）

存款类型（<u>存款类型编号</u>，存款类型名称，描述）

3. 规范数据库设计

使用第一范式、第二范式、第三范式对关系进行规范化，使每个关系的规范程度都达到第三范式。在规范化关系时，也要考虑软件的运行性能。必要时，也可以有悖第三范式的要求，适当增加冗余数据，减少表间联接，以空间换取时间。

4. 设计表结构

客户表结构如表 9-7 所示。

表 9-7 客户表结构

字段名称	数据类型	含义	说明
customerID	int	客户编号	自动增量，从 1 开始，主键
customerName	varchar	开户名	必填
PID	char	身份证号	必填，只能是 18 位，唯一约束
telephone	varchar	联系电话	必填，格式为 xxxx-xxxxxxxx 或 xxx-xxxxxxxx 或 11 位手机号
address	varchar	居住地址	可选输入

银行卡表结构如表 9-8 所示。

表 9-8 银行卡表结构

字段名称	数据类型	含义	说明
cardID	char	卡号	必填，主键，银行卡卡号规则和电话号码一样，一般前 8 位代表特殊含义，如某支行等。假定银行要求其卡号格式为 "6227 2666 XXXX XXXX"。每 4 位号码后有空格，卡号后 8 位一般是随机产生的。

续表

字段名称	数据类型	含义	说明
curID	varchar	币种	外键，必填，默认为 RMB
savingID	tinyint	存款类型编号	外键，必填
openDate	datetime	开户日期	必填，默认为系统当前日期和时间
openMoney	double	开户金额	必填
balance	double	余额	必填
password	char	密码	必填，6位数字，开户时默认为6个8
isReportLoss	int	是否挂失	必填，是（1）/否（0），默认为"否（0）"
customerID	int	客户编号	外键，必填

交易表结构如表 9-9 所示。

表 9-9 交易表结构

字段名称	数据类型	含义	说明
tradeDate	datetime	交易日期	必填，默认为系统当前日期和时间
cardID	varchar	卡号	外键，必填
tradeType	char	交易类型	必填，只能是存入/支取
tradeMoney	double	交易金额	必填，大于 0
machine	char	终端机编号	客户业务操作的机器编号，可空

存款类型表结构如表 9-10 所示。

表 9-10 存款类型表结构

字段名称	数据类型	含义	说明
savingID	tinyint	存款类型编号	自动增量，从1开始，主键
savingName	varchar	存款类型名称	必填
descript	varchar	描述	可空

9.2.2 创建库、创建表、创建约束

1. 创建数据库

任务描述

使用 CREATE DATABASE 语句创建"银行业务系统"数据库 bankDB。

任务要求

创建数据库时要求检测是否存在 bankDB 数据库，如果存在，则先删除再创建。

参考代码

```
DROP DATABASE IF EXISTS bankDB;
CREATE DATABASE bankDB;
```

2. 创建表

任务描述

根据设计出的"银行业务系统"数据库的表结构,使用 CREATE TABLE 语句创建表。

任务要求

创建表时要求检测数据库中是否存在同名的表,如果存在,则先删除再创建。

参考代码

```sql
USE bankDB;
#创建客户表
DROP TABLE IF EXISTS userInfo;
CREATE TABLE userInfo
(customerID INT AUTO_INCREMENT PRIMARY KEY,,
customerName VARCHAR(20) NOT NULL,
 PID CHAR(18) NOT NULL,
 telephone VARCHAR(15) NOT NULL,
 address VARCHAR(50));
#创建银行卡表
DROP TABLE IF EXISTS cardInfo;
CREATE TABLE cardInfo
(cardID CHAR(19) NOT NULL,
 curID VARCHAR(10) NOT NULL,
 savingID INT NOT NULL,
 openDate DATETIME NOT NULL,
 openMoney DOUBLE NOT NULL,
 balance DOUBLE NOT NULL,
 password CHAR(6) NOT NULL,
 isReportLoss INT NOT NULL,
 customerID INT NOT NULL);
#创建交易表
DROP TABLE IF EXISTS tradeInfo;
CREATE TABLE tradeInfo
(tradeDate DATETIME NOT NULL,
 tradeType ENUM("存入","支出") NOT NULL,
 cardID CHAR(19) NOT NULL,
 tradeMoney FLOAT NOT NULL,
 machine CHAR(4) );
#存款类型表
DROP TABLE IF EXISTS deposit
CREATE TABLE deposit
(savingID TINYINT AUTO_INCREMENT PRIMARY KEY ,
 savingName VARCHAR(20) NOT NULL,
 descript VARCHAR(50) );
```

3. 添加约束

任务描述

根据银行业务,分析表中每个字段对应的约束要求,使用 ALTER TABLE 语句为表添加约束。

提示

为表添加主外键约束时,要先添加主表的主键约束,再添加子表的外键约束。

参考代码

(1) /*deposit 表的约束

   SavingID 存款类型编号,自动增量,从 1 开始,主键*/

此约束在创建表时已经建立。

(2) /* userInfo 表的约束

customerID 客户编号,自动增量,从 1 开始,主键
customerName 开户名,必填
PID 身份证号,必填,身份证号唯一约束。
telephone 联系电话,必填。
address 居住地址,可选输入*/

主键约束在创建表时已经建立。

```
ALTER TABLE userInfo
ADD CONSTRAINT UQ_PID UNIQUE(PID) ;#给 PID 创建唯一约束
```

(3) /*cardInfo 表的约束

cardID 卡号,必填,主健。
curID 币种,必填,默认值为 RMB
openDate 开户日期,必填,默认为系统当前日期
openMoney 开户金额,必填
balance 余额,必填
password 密码,必填,6 位数字,开户时默认为 6 个 8
isReportLoss 是否挂失,必填,取值可为是(1)/否(0),默认为否(0)
customerID 客户编号,必填,表示该卡对应的客户编号,外键,参照客户表的客户编号
savingID 存款类型编号,必填,外键,参照存款类型表的存款类型编号*/

```
ALTER TABLE cardInfo ADD CONSTRAINT PK_cardID PRIMARY KEY(cradID);
ALTER TABLE cardInfo ALTER curID SET DEFAULT "RMB";
ALTER TABLE cardInfo MODIFY COLUMN openDate DATETIME NOT NULL DEFAULT CURRENT_TIMESTAMP;
ALTER TABLE cardInfo ALTER password SET DEFAULT "888888";
ALTER TABLE cardInfo ALTER isReportLoss SET DEFAULT 0;
ALTER TABLE cardInfo ADD CONSTRAINT FK_customerID FOREIGN KEY(customerID) REFERENCES userInfo(customerID);
ALTER TABLE cardInfo ADD CONSTRAINT FK_savingID FOREIGN KEY(savingID) REFERENCES deposit(savingID);
```

(4) /* tradeInfo 表的约束

tradeType 必填
cardID 卡号,必填,外健,普通索引

```
    tradeMoney   交易金额，必填
    tradeDate    交易日期，必填，默认为系统当前日期
    machine      终端机编号
    cardID 和 tradeDate 共同作为主键
*/
ALTER TABLE tradeInfo ADD CONSTRAINT PK_cardID_tradeInfo
    PRIMARY KEY(cardID,tradeDate);
ALTER TABLE tradeInfo ADD CONSTRAINT FK_cardID
    FOREIGN KEY(cardID) REFERENCES cardInfo(cardID);
ALTER TABLE tradeInfo MODIFY COLUMN tradeDate DATETIME NOT NULL DEFAULT CURRENT_TIMESTAMP;
CREATE INDEX IX_cardID ON tradeInfo(cardID);
```

9.2.3 插入测试数据

任务描述

使用 SQL 语句向数据库中插入测试数据。在输入测试数据时，人工填写卡号，暂不随机产生。向相关表中插入如表 9-11 所示的开户信息。

表 9-11 五位客户的开户信息

姓名	身份证号	联系电话	地址	开户金额	存款类型	卡号
张三	130101196012213211	010-12345678	北京海淀	1000	活期	6227 2666 1234 5678
李四	410103198310206548	0371-64322123	河南省郑州市金水区	6000	定期一年	6227 2666 5678 1234
王小平	410201197506093622	13503714678	河南省郑州市中原区	5000	定期一年	6227 2666 1212 1004
赵潭	320311196909111356	18638711126		1000	定期二年	6227 2666 1267 1778
何钢	140221199303101622	17703711321	山西省太原市杏花岭区	100	定期二年	6227 2666 6767 9988

插入交易信息：张三（卡号为 6227 2666 1234 5678）取款 900 元，王小平（卡号为 6227 2666 1212 1004）存款 300 元，赵潭（卡号为 6227 2666 1267 1778）存款 1000 元，李四（卡号为 6227 2666 5678 1234）取款 1900 元，何钢（卡号为 6227 2666 6767 9988）存款 5000 元。要求保存交易记录，以便客户查询和银行统计业务。

例如：张三取款 900 元，应在交易信息表（tradeInfo）中添加一条交易记录，同时应自动更新银行卡表（cardInfo）中的现有余额（减少 900 元），先假定手动插入更新信息。

任务要求

- 要保证业务数据的一致性和完整性。
- 客户持银行卡办理存款和取款业务时，银行要记录每笔交易的账目，并修改该银行卡的存款余额。

提示

注意数据插入的顺序。为了保证主外键的约束关系，建议先插入主表中的数据，再插入子表

中的数据。

客户取款时需要记录交易账目并修改存款余额。需要分两步完成。

（1）在交易表中插入交易记录。

```
INSERT INTO tradeInfo(tradeType,cardId,tradeMoney)
VALUES('支取', '6227 2666 1234 5678',900);
```

（2）更新银行卡信息表中的现有余额。

```
UPDATE cardInfo SET balance=balance-900
WHERE cardID='6227 2666 1234 5678';
```

客户存款时需要记录交易账目并修改存款余额。需要分两步完成。

（1）在交易表中插入交易记录。

```
INSERT INTO tradeInfo(tradeType,cardId,tradeMoney)
VALUES('存入', '6227 2666 5678 1234',5000);
```

（2）更新银行卡信息表中的现有余额。

```
UPDATE cardInfo SET balance=balance+5000
WHERE cardID='6227 2666 5678 1234';
```

参考代码

```
/*存款类型*/
INSERT INTO deposit(savingName,descript) VALUES('活期','按存款日结算利息')
INSERT INTO deposit(savingName,descript) VALUES('定期一年','存款期1年')
INSERT INTO deposit(savingName,descript) VALUES('定期二年','存款期2年')
INSERT INTO deposit(savingName,descript) VALUES('定期三年','存款期3年')
INSERT INTO deposit(savingName) VALUES('按定活两便')
INSERT INTO deposit(savingName,descript) VALUES''零存整取一年','存款期1年')
INSERT INTO deposit(savingName,descrip) VALUES('零存整取二年','存款期2年')
INSERT INTO deposit(savingName,descrip) VALUES('零存整取三年','存款期3年')
INSERT INTO deposit(savingName,descrip) VALUES('存本取息五年','按月取利息')
SELECT * FROM deposit

/*客户信息*/
INSERT INTO userInfo(customerName,PID,telephone,address)
VALUES('张三','13010160122213211','010-12345678','北京海淀');
INSERT INTO cardInfo(cardID,savingID,openMoney,balance,customerID)
VALUES('6227 2666 1234 5678',1,1000,1000,1)

I INSERT INTO userInfo(customerName,PID,telephone,address)
VALUES("李四","410103198310206548","0371-64322123","河南省郑州市金水区");
INSERT INTO cardInfo(cardID,savingID,openMoney,balance,customerID)
VALUES('6227 2666 5678 1234',2,6000,6000,2)

INSERT INTO userInfo(customerName,PID,telephone,address)
VALUES("王小平","410201197506093622","13503714678","河南省郑州市中原区");
```

```sql
INSERT INTO cardInfo(cardID,savingID,openMoney,balance,customerID)
VALUES('6227 2666 1212 1004',2,5000,5000,3)

INSERT INTO userInfo(customerName,PID,telephone)
VALUES("赵潭","320311196909111356","18638711126");
INSERT INTO cardInfo(cardID,savingID,openMoney,balance,customerID)
VALUES('6227 2666 1267 1778',3,1000,1000,4);

INSERT INTO userInfo(customerName,PID,telephone,address)
VALUES("何钢","140221199303101622","17703711321","山西省太原市杏花岭区");
INSERT INTO cardInfo(cardID,savingID,openMoney,balance,customerID)
VALUES("6227 2666 6767 9988",3,100,100,5);

SELECT * FROM userInfo
SELECT * FROM cardInfo


/*--------------交易表插入交易记录--------------------------*/
INSERT INTO tradeInfo(tradeType,cardID,tradeMoney)
VALUES('支取', '6227 2666 1234 5678',900);
/*--------------更新银行卡表中的现有余额--------------------*/
UPDATE cardInfo SET balance=balance-900 WHERE cardID='6227 2666 1234 5678';

INSERT INTO tradeInfo(tradeType,cardID,tradeMoney)
VALUES('存入','6227 2666 1212 1004',300);
UPDATE cardInfo SET balance=balance+300 WHERE cardID='6227 2666 1212 1004';

INSERT INTO tradeInfo(tradeType,cardID,tradeMoney)
VALUES('存入', '6227 2666 1267 1778',1000);
UPDATE cardInfo SET balance=balance+1000 WHERE cardID='6227 2666 1267 1778';

INSERT INTO tradeInfo(tradeType,cardID,tradeMoney)
VALUES('支取','6227 2666 5678 1234',1900);
UPDATE cardInfo SET balance=balance-1900 WHERE cardID='6227 2666 5678 1234';

INSERT INTO tradeInfo(tradeType,cardID,tradeMoney)
VALUES('存入','6227 2666 6767 9988',5000);
UPDATE cardInfo SET balance=balance+5000 WHERE cardID='6227 2666 6767 9988';


/*--------检查测试数据是否正确---------*/
SELECT * FROM cardInfo
SELECT * FROM tradeInfo
```

9.2.4 编写 SQL 语句实现银行的日常业务

1. 修改客户密码

任务描述

修改张三（卡号为 6227 2666 1234 5678）的银行卡密码为 123456，修改李四（卡号为 6227 2666 5678 1234）的银行卡密码为 123123。

参考代码

```
/*---------修改密码-----*/
UPDATE cardInfo SET password='123456' WHERE cardID='6227 2666 1234 5678';
UPDATE cardInfo SET password='123123' WHERE cardID='6227 2666 5678 1234';
#查询账户信息
SELECT * FROM cardInfo;
```

2. 办理银行卡挂失

任务描述

李四（卡号为 6227 2666 5678 1234）的银行卡丢失，向银行申请挂失。

参考代码

```
/*---------挂失账号---------*/
#李四（卡号为 6227 2666 5678 1234）因银行卡丢失，申请挂失
UPDATE cardInfo SET isReportLoss=1 WHERE cardID='6227 2666 5678 1234';
SELECT * FROM cardInfo

#查看修改密码和挂失结果
SELECT cardID 卡号,curID 货币,savingName 储蓄种类,openDate 开户日期,
       openMoney 开户金额,balance 余额,password 密码,
       CASE isReportLoss
           WHEN 1 THEN '挂失'
           WHEN 0 THEN '未挂失'
       END 是否挂失,customerName 客户姓名
FROM cardInfo INNER JOIN deposit ON cardInfo.savingID=deposit.savingID
INNER JOIN userInfo ON cardInfo.customerID=userInfo.customerID;
```

3. 查询本周开户信息

任务描述

查询本周开户的卡号及该卡的相关信息。

提示

DATE_SUB() 函数从某一日期减去指定的时间间隔。

语法：

```
DATE_SUB(date,INTERVAL expr type)
```

参数含义：

date-合法的日期表达式。

expr-指定的时间间隔。

type-间隔类型，有 microsecond、second、minute、hour、day、week、month、year 等。

参考代码

```
/*---------查询本周开户的卡号,显示该卡相关信息------------------*/
SELECT c.cardID 卡号,u.customerName 客户姓名,c.curID 货币,d.savingName 存款类型,
c.openDate 开户日期,c.openMoney 开户金额,c.balance 存款余额,
CASE c.isReportLoss
    WHEN 1 THEN '挂失账户'
    WHEN 0 THEN '正常账户'
END 账户状态
FROM cardInfo c INNER JOIN userInfo u ON c.customerID=u.customerID
INNER JOIN deposit d ON c.savingID=d.savingID
WHERE openDate>DATE_SUB(CURDATE(),INTERVAL 1 WEEK);
```

4. 查询本月交易金额最高的卡号

任务描述

查询本月存取款交易金额最高的卡号信息。

提示

在交易信息表中，采用子查询和 DISTINCT 子句去掉重复的卡号。

参考代码

```
/*---------查询本月交易金额最高的卡号----------------------*/
SELECT DISTINCT cardID FROM tradeInfo
WHERE tradeMoney=(SELECT MAX(tradeMoney) FROM tradeInfo
                  WHERE tradeDate>DATE_SUB(CURDATE(),INTERVAL 1 MONTH));
```

5. 查询挂失客户

任务描述

查询挂失账号的客户信息。

提示

利用子查询 IN 的方式或内连接 INNER JOIN。

参考代码

```
/*---------查询挂失账号的客户信息----------------------*/
SELECT customerName 客户名称,telephone 联系电话 FROM userInfo
WHERE customerID IN(SELECT customerID FROM cardInfo WHERE isReportLoss=1);
```

6. 催款提醒业务

任务描述

根据某种业务（如代缴电话费，代缴手机费等）的需要，每个月末查询出余额少于 200 元的

客户账号，由银行统一致电催款。

提示

利用连接查询或子查询。

参考代码

```
/*------催款提醒：根据某种业务的需要，每个月末如果发现用户账号余额少于200元，将对其致
电催款。---*/
  SELECT customerName 客户名称,telephone 联系电话,balance 存款余额
  FROM userInfo INNER JOIN cardInfo ON cardInfo.customerID=userInfo.customerID
  WHERE balance<200;
```

9.2.5 创建、使用视图

任务描述

为了向客户提供友好的用户界面，使用 SQL 语句创建下面几个视图，使用这些视图查询并输出各表的信息。

view_user 视图：输出银行客户记录。

view_card 视图：输出银行卡记录。

view_trade 视图：输出银行卡的交易记录。

任务要求

显示的列名全为中文。

参考代码

```
#1.创建视图：为了向客户显示信息,查询各表输出的字段：名称要求全为中文。
DROP VIEW IF EXISTS view_user;
CREATE VIEW view_user   #客户表视图
AS
SELECT customerID as 客户编号,customerName as 开户名, PID as 身份证号,
       telephone as 电话号码,address as 居住地址  from userInfo;


#使用视图
SELECT * FROM view_user;

#2.创建视图：查询银行卡信息
DROP VIEW IF EXISTS view_card;
CREATE VIEW view_card
AS
SELECT c.cardID 卡号,u.customerName 客户姓名,c.culID 货币种类,d.savingName 存款
类型,c.openDate 开户日期,c.balance 存款余额,c.password 密码,
     CASE c.isReportLoss
        WHEN 1 THEN '挂失'
        WHEN 0 THEN '正常'
     END 账户状态
FROM cardInfo c INNER JOIN userInfo u ON c.customerID=u.customerID
```

```
    INNER JOIN deposit d ON c.savingID=d.savingID;
#使用视图
SELECT * FROM view_card;

#3.创建视图：查看交易信息
DROP VIEW IF EXISTS view_trade;
CREATE VIEW view_trade
AS
SELECT tradeDate as 交易日期,tradeType as 交易类型,cardID as 卡号,tradeMoney as 交易金额, machine as 终端机编号 FROM tradeInfo;
#使用视图
SELECT * FROM view_trade;
```

9.2.6 使用事务和存储过程实现业务处理

1. 实现存款或取款业务

任务描述

（1）根据银行卡号和交易金额，实现银行卡的存款和取款业务。

（2）每一笔存款、取款业务都要记入银行交易账目，并同时更新客户的存款余额。

（3）如果是取款业务，在记账之前，要检验存款余额是否小于 0 元。如果是，则取消本次取款操作。

任务要求

编写一个存储过程实现存款和取款业务，并对其进行测试。测试数据是：张三（卡号为 6227 2666 1234 5678）支取 300 元，李四（卡号为 6227 2666 4312 3455）存入 500 元。

提示

在存储过程中引用事务机制，以保证数据操作的一致性。客户取款之后，如果存款余额小于 0 元，则回滚事务。

参考代码

```
    /*--1.取款或存款的存储过程*/
DROP PROCEDURE IF EXISTS trade_proc
DELIMITER //
CREATE PROCEDURE trade_proc(IN t_type CHAR(2),IN t_money DOUBLE,IN card_id char(19),IN m_id CHAR(8))
MODIFIES SQL DATA
BEGIN
  DECLARE ye DOUBLE;
  START TRANSACTION;
   IF(t_type="支取") THEN
     INSERT INTO tradeInfo(tradeType,cardID,tradeMoney,machine)
VALUES(t_type,card_id,t_money,m_id);
     UPDATE cardInfo SET balance=balance-t_money WHERE cardID=card_id;
     SELECT balance INTO ye FROM cardInfo WHERE cardID=card_id;
```

```
    IF(ye<0) THEN
      SELECT "余额不足";
      ROLLBACK;
    ELSE
      COMMIT;
    END IF;
  END IF;
  IF(t_type="存入")
THEN
    INSERT INTO tradeInfo(tradeType,cardID,tradeMoney,machine)
VALUES(t_type,card_id,t_money,m_id);
    UPDATE cardInfo SET balance=balance+t_money WHERE cardID=card_id;
    COMMIT;
END IF;
  END;//
DELIMITER ;
```

2. 产生随机卡号

任务描述

创建存储过程产生 8 位随机数字，与前 8 位固定的数字 "6227 2666" 连接，生成由 16 位数字组成的银行卡号并输出。

提示

使用随机函数生成银行卡后 8 位数字。

随机函数的用法：

RAND（随机种子）

将产生 0~1 的随机数，要求每次产生随机数所用的随机种子都不一样。一般采用的算法是：

随机种子=当前的月份数×100000+当前的分钟数×1000+当前的秒数×100；

产生了 0~1 的随机数后，取小数点后 8 位。

参考代码

```
/*--产生随机卡号的存储过程(用当前月份数/当前分钟数/当前秒数乘以一定的系数作为随机种子) --*/
DROP PROCEDURE IF EXISTS use_randCardID;
DELIMITER //
CREATE PROCEDURE use_randCardID(OUT randCardID char(19))
BEGIN
  DECLARE r DECIMAL(15,8);
  DECLARE tempStr CHAR(10);
  SELECT RAND((MONTH(NOW())*100000)+(MINUTE(NOW())*1000)+SECOND(NOW())*10) INTO r;
  SET tempStr=CONVERT(r,CHAR(10));
  SET randCardID=CONCAT('6227 2666 ',SUBSTRING(tempStr,3,4),' ',
                       SUBSTRING(tempStr,7,4));
END;//
```

```
DELIMITER ;
#测试产生随机卡号
SET @kh="";
CALL usp_randCardID(@kh);
SELECT @kh;
```

3. 统计银行资金流通余额并结算盈利

任务描述

存入代表资金流入,支取代表资金流出。

计算公式:资金流通金额=总存入金额-总支取金额

假定存款利率为千分之三,贷款利率为千分之八。

计算公式:盈利结算=总支取金额×0.008-总存入金额×0.003

提示

定义两个变量存放总存入金额和总支取金额,使用sum()函数进行汇总。

参考代码

```
DELIMITER //
CREATE PROCEDURE profit_proc(OUT yl DOUBLE)
READS SQL DATA
 BEGIN
  DECLARE l_in DOUBLE;
  DECLARE l_out DOUBLE;
  SELECT sum(tradeMoney) INTO l_in FROM tradeInfo WHERE tradeType="存入";
  SELECT sum(tradeMoney) INTO l_out FROM tradeInfo WHERE tradeType="支取";
  SET yl=l_out*0.008-l_in*0.003;
 END;//
DELIMITER ;
```

4. 利用事务实现转账业务

任务描述

使用事务和存储过程实现转账业务。操作步骤如下:

(1)从某一个账户中支取一定金额的存款。

(2)将支取金额存入到另一个指定的账户中。

(3)将交易信息保存到交易表中。

参考代码

```
/*转账业务的存储过程
现实中的ATM机依靠读卡器读出转账人的银行卡号,通过ATM机界面输入被转账人的卡号。*/
DROP PROCEDURE IF EXISTS use_tradefer;
DELIMITER //
CREATE PROCEDURE use_tradefer
(IN out_id CHAR(19),IN in_id CHAR(19),IN z_je DOUBLE,IN m_id CHAR(8))
```

```sql
    MODIFIES SQL DATA
    BEGIN
     DECLARE ye DOUBLE;
     DECLARE err INT DEFAULT 0;
     DECLARE err1 INT DEFAULT 0;
     DECLARE CONTINUE HANDLER FOR SQLEXCEPTION SET err1=1;
     IF NOT EXISTS(SELECT * FROM cardInfo WHERE cardID=in_id) THEN
      SELECT '被转账人账户不存在';
      SET err=err+1;
     END IF;
     SELECT balance INTO ye FROM cardInfo WHERE cardID=out_id;
     IF(ye<z_je) THEN
       SELECT '账户余额不够';
       SET err=err+1;
     END IF;
     IF(err=0) THEN
      START TRANSACTION;
      UPDATE cardInfo SET balance=balance-z_je WHERE cardID=out_id;
      UPDATE cardInfo SET balance=balance+z_je WHERE cardID=in_id;
      INSERT INTO tradeInfo(tradeType,cardID,tradeMoney,machine) VALUES("支取",out_id,z_je,m_id);
      INSERT INTO tradeInfo(tradeType,cardID,tradeMoney,machine) VALUES("存入",in_id,z_je,m_id);
        IF(err1=1) THEN
          SELECT err1;
          ROLLBACK;
        ELSE
          COMMIT;
        END IF;
     END IF;
     END;//
    DELIMITER ;
    #测试上述事务存储过程
    #从李四的账户转账 2000 到张三的账户
    CALL use_tradefer("6227 2666 1234 5678",
        "6227 2666 6767 9988",2000,"12345678");
    SELECT * FROM cardinfo;
    SELECT * FROM tradeinfo;
```

9.3 进度记录

开发进度表如表 9-12 所示。

表 9-12 开发进度记录表

项目分项	开发完成时间	测试通过时间	备注
数据库设计			
创建库、创建表、创建约束			
插入测试数据			
常规业务设计			
创建、使用视图			
使用存储过程实现业务处理			
利用事务实现转账业务			

参 考 文 献

[1] 萨师煊，王珊. 数据库系统概论. 3版. 北京：高等教育出版社，2000.
[2] 张素青，孙杰. SQL Server 2008数据库应用技术. 北京：人民邮电出版社，2013.
[3] 武洪萍，马桂婷. MySQL数据库原理及应用. 北京：人民邮电出版社，2014.
[4] 马俊，袁暋. SQL Server 2012数据库管理与开发. 北京：人民邮电出版社，2016.
[5] 北京阿博泰克北大青鸟信息技术有限公司职业教育研究院. 优化MySchool数据库设计. 北京：科学技术文献出版社，2011.
[6] 孔祥盛. MySQL数据库基础与实例教程. 北京：人民邮电出版社，2014.
[7] 杨学全. SQL Server实例教程（第2版）. 北京：电子工业出版社，2007.
[8] 李立功，祖晓东. SQL Server 2008项目开发教程. 北京：电子工业出版社，2012.
[9] 许建才. SQL Server 2008数据库项目案例教程. 北京：电子工业出版社，2013.